本书由中共苏州市委党校资助出版

智能制造背景下的
工业信息安全研究

朱 琳 著

上海交通大学出版社
SHANGHAI JIAO TONG UNIVERSITY PRESS

内容提要

本书聚焦于智能制造背景下的工业信息安全，首先，深入阐述了工业信息安全的内涵、特点等理论基础。随后，系统总结了工业信息安全的发展现状以及所面临的各种风险威胁。接着，从事前预防、事中监测、事后化解以及态势感知等多个维度，全面阐释了工业信息安全具体措施，并深入探讨了工业数据跨境流动热点问题。最后本书展望了工业信息安全的未来发展，并提出若干具有针对性的发展建议。本书旨在为智能制造、信息安全行业以及政府职能部门的工作人员提供有价值的参考和借鉴。

图书在版编目(CIP)数据

智能制造背景下的工业信息安全研究/朱琳著.

上海：上海交通大学出版社，2024.10—ISBN 978－7－313－31680－6

Ⅰ.F423.2

中国国家版本馆 CIP 数据核字第 20247FH807 号

智能制造背景下的工业信息安全研究
ZHINENG ZHIZAO BEIJING XIA DE GONGYE XINXI ANQUAN YANJIU

著　　者：朱　琳

出版发行：上海交通大学出版社　　　　地　　址：上海市番禺路 951 号

邮政编码：200030　　　　　　　　　　电　　话：021－64071208

印　　制：上海万卷印刷股份有限公司　经　　销：全国新华书店

开　　本：710mm×1000mm　1/16

字　　数：170 千字

版　　次：2024 年 10 月第 1 版　　　　印　　次：2024 年 10 月第 1 次印刷

书　　号：ISBN 978－7－313－31680－6

定　　价：49.00 元

印　　张：10.5

前　言

在工业革命浪潮中,在加快发展新质生产力的背景下,智能制造已经成为引领制造业转型升级的关键动力。以数据为驱动,借助人工智能、物联网、大数据分析等先进技术,智能制造不仅重新定义了生产流程,还开启了一个全新的数字化未来。然而,伴随着这些技术的广泛应用,信息安全问题也随之凸显,成为各国政府、企业乃至全社会关注的焦点。

在智能制造的实际应用中,我们面临的信息安全挑战是多层次的。首先是物理设备的安全性。随着越来越多的传统制造设备接入互联网,确保这些设备的安全显得尤为重要。其次是数据的完整性和机密性。在智能制造过程中,数据的实时性和精准性至关重要,任何一处数据的损坏或泄露,都可能导致生产线的停滞或产品质量的下降。此外,智能制造系统的复杂性和互联性也带来了新的安全风险,如何在保证系统开放性和互联性的同时,确保各环节的安全,是我们需要不断探索的课题。

保障工业信息安全是一项长期的、复杂的系统工程,应该多管齐下、综合施策,特别需要在以下五个方面加强建设。

其一,与时俱进推进工业信息安全建设。要把工业信息安全放在推进新型工业化建设、推动智能制造发展等大局下,更好统筹发展和安全的关系。要不断加强对工业信息安全的保障,坚持忧患意识,加强提前研判,做好事前预防,让安全保障更好地走在风险损害发生之前。

其二,依靠法律制度引领规范工业信息安全。加强工业信息安全领域法律法规、政策规范、技术标准等建设,推动实践中成熟的经验做法上升为法律和制度规范,推动法律制度规范得到有效贯彻落实,并加大规范和标准探索力度,让保障工业信息安全在法治轨道上行稳致远。

其三,依靠科技创新赋能工业信息安全。工业信息安全本质上是攻防对抗。要加强科技创新和投入,强化工业信息安全建设和保障,以技术更新迭代遏制工业信息安全威胁挑战。另外,还要认识到新技术对网络攻击的助力作用,前瞻防范新技术风险,加强关键核心技术攻关,在网络安全攻防对抗中打赢技术战。

其四,以协同高效联动合力保障工业信息安全。保障工业信息安全需要深化产学研合作,企业、高校、科研院所等各方面力量要加强交流合作,紧紧围绕工业信息安全的薄弱环节和关键领域,以科技创新推动产业创新。此外,保障工业信息安全也需要部门之间相互配合,加强信息互通互享,建立完善工作联动机制。

其五,不断加强人的安全意识和素养。保障工业信息安全,归根结底应提升人的安全意识。工业信息安全事件往往受人为因素影响。要通过宣传教育,加强全行业、全社会对工业信息安全重要性和复杂严峻形势的理解认知,堵塞工作漏洞,时刻保持警惕,杜绝侥幸心理,克服麻痹思想。

关于工业信息安全研究,研究机构和实务部门等已经贡献了一系列各具特色的研究成果,但是围绕智能制造的信息安全仍有研究空间,政府监管部门和企业实务部门等智能制造的参与方仍需要加强沟通对话,换位思考,进一步凝聚发展共识。有鉴于此,笔者撰写了本书,希望为推动工业信息安全研究走深走实贡献力量。

本书在撰写中试图做到三个结合。一是理论和实践相结合,让监管部门和企业界在阅读中都能有所收获;二是典型做法和研究前沿相结合,让读者不仅能看到工业信息安全的过去和现在,更能看到未来发展;三是制度手段和技术手段相结合,让读者不仅能了解保障工业信息安全的技术手段,还能加深对相关法规政策标准的理解。

在本书的撰写过程中,得到了中共苏州市委党校各级领导和同事的大力支持,同时西门子数字化工业集团的于琪先生提供了宝贵的专业建议,上海交通大学出版社的杨迎春老师在撰写和出版方面给予悉心的指导,在此对他们表示衷心的感谢。

工业信息安全新形势和新技术不断发展变化,希望本书能对读者有所启发,能够激发更多研究者和实践者投身于这一重要领域,共同推动智能制造和信息安全的融合发展。本书若有不妥或疏漏之处,还望读者批评指正。

朱　琳

2024 年 5 月

目 录

第 4 章 工业信息安全的事后化解 —————————————— 080

第 *1* 章　工业信息安全概述

工业信息安全是新型工业化的发展基石、数字中国战略的底座工程、网络强国战略的基本保证、加快实现高水平科技自立自强的必然要求，以及维护国家安全的重要内容。随着新一轮科技革命和产业革命蓬勃发展，工业信息安全作为新型工业化的发展基础，逐渐成为现代社会发展关注的重要课题。准确认识工业信息安全的内涵特点，全面认识其发展现状，深刻认识其面临的风险威胁，是开展工业信息安全研究的前提基础。

1.1　工业信息安全的内涵和特点

工业信息安全泛指工业领域的信息安全，具有广泛的内涵。在不同历史时期，工业信息安全具有不同的防护重点。数字时代，工业信息安全防护重点除了包括传统的工业控制系统安全，还包括工业互联网安全、工业数据安全等新内容。

1.1.1　工业信息安全的内涵

工业信息安全是指通过采取必要措施，确保工业设备设施、控制系统、信息系统处于稳定可靠运行的状态，确保工业数据处于有效保护和合法利用的状态，以及具备保障持续安全状态的能力。

工业信息安全有多种分类方法。按照工业信息系统架构，工业信息安全可分为生产区工业控制安全和管理区企业管理安全。按照信息安全的要素组成，工业信息安全可以分为工业信息母体安全、工业信息内容安全、工业信息载体安全、工业信息处理安全、工业信息工具安全、工业信息流动安全、工业信息应用安全等内容[1]。按照工业控制系统的层次,工业信息安全可分为工业控制系统安全、工业互联网安全、工业数据安全、工业平台安全、工业云安全等。下面介绍其中三种最为常见的类型。

1) 工业控制系统安全

工业控制系统是生产过程中控制系统的统称。IEC 62443 标准对工业控制系统的定义是,对制造及加工厂站和设施、建筑环境控制系统、地理位置上具有分散操作性质的公共事业设施(如电力、天然气)、石油生产以及管线等进行自动化或远程控制的系统。工业控制系统分为工业生产中的数据采集与监视控制系统(supervisory control and data acquisition, SCADA)、分布式控制系统(distributed control system, DCS)、可编程逻辑控制器(programmable logic controllers, PLC)等。

工业控制系统安全主要包括五个方面:①为了保护工业控制系统安全所采取的措施;②采取系统保护措施后所达到的安全状态;③保护保密性,避免对系统数据非授权访问;④保护完整性,避免工业控制系统被破坏、变更,防止有害入侵和非法干扰;⑤保护可用性,保证被授权人员能够正常操作系统。

2) 工业互联网安全

工业互联网是新一代信息技术与工业经济深度融合的新型基础设施、应用模式和工业生态。工业互联网通过全面连接人、机、物、系统等要素,构建起覆盖全产业链、全价值链的全新制造体系和服务体系,从而为工业数字化、网络化、智能化发展提供了实现途径。工业互联网安全是工业信息安全的重要组成部分,包括设备安全、控制安全、网络安全、平台安全、数据安全等五个方面。

3) 工业数据安全

工业数据安全是指工业领域产品和服务在全生命周期收集、产生和应用的数据的安全状态和维护安全的能力。工业数据是一个集合概念,按照不同标准,可以划分为多种类型。根据数据主体,工业数据可分为工业企业工业数据和平台企业工业数据;根据数据性质,工业数据可分为定量数据和定性数据;根据数据状态,工业数据可分为静态数据和动态数据;根据数据用途,工业数据可分为生产数据、经营数据和环境数据;根据数据来源,工业数据可分为内部数据和跨界数据;根据产业链上下游关系,工业数据可分为企业信息化数据、工业物联网数据和跨界融合数据[2]。

1.1.2　工业信息安全的多重特点

从不同维度观察,工业信息安全具有多重特点。接下来,我们从工业信息安全的内在特点、工业信息安全的系统特性、工业信息安全的风险管理特征以及工业信息安全的时代特点,分别剖析工业信息安全。

1）工业信息安全的内在特点

工业信息安全具有三个基本属性,即保密性、完整性和可用性。其中,保密性是指信息不被泄露给非授权用户和实体,或者不被其利用的特性,包括信息内容的保密、信息状态的保密、信息存储和处理的保密等;完整性是指信息未经授权不被更改和破坏的特性;可用性是指信息、被授权访问和按需使用,从而提供有效服务的特性[3]。

同时,应该看到,工业信息系统不同于普通信息系统,安全追求的价值位阶不同。普通信息系统的安全价值排序是保密性优先,完整性次之,可用性最低,即保密性＞完整性＞可用性,而工业信息系统的安全价值排序却是可用性优先,完整性其次,保密性最低,即可用性＞完整性＞保密性。原因分析如下:一是工业控制系统强调在生产过程中对工业设备的智能控制、监测和管理,重视系统的实时性和业务的连续性,因此,系统的可用性是首要安全目标。二是工业设备组件之间本身就存在关联,所以完整性不是其最高价值追求。三是工业控制系统传输的数据往往是原始数据和实时数据,而且要在特定背景下进行分析,这本身为保密性提供了一定保障,因此保密性价值追求降至最低[4]。

2）工业信息安全的系统特性

工业信息安全有如下系统特性。

（1）实时性要求高。工业信息系统要求实时通信、实时响应,尽可能减少延迟,响应时间控制在 1 毫秒以内。先确保生产稳定性,再考虑网络数据的保密性、完整性和可用性,这导致信息安全实践受到限制。相比之下,普通信息系统对实时性要求较低,能接受 1 秒甚至数秒延迟,不用特别考虑生产稳定性,重点考虑网络数据的保密性、完整性和可用性。

（2）处理能力有限。工业信息系统只能承受一定的吞吐量,因此对安全产品有一定要求,既要求安全可靠,又要求计算资源消耗不能太大,因而无法使用计算资源消耗大的复杂加密算法、防护软件等安全产品。而普通信息系统则可以承受高吞吐量。

（3）防护对象差异大。工业信息系统防护对象有工业信息基础设施、生产设备、控制系统等，防护对象多样，且差异大、通用性低，比如，企业管理区和生产区信息系统不同，管理区信息系统和普通信息系统类似，而生产区独立组网；同一型号的设备在不同行业、不同场景，有不同的配置方式和不同零部件。因此，设备和系统的多样性造成安全防护要求和措施的多样性。普通信息系统防护对象相对单一，主要是计算机和网络设施，其设备和零部件具有统一标准。

（4）通信协议繁多。工业信息系统采用专有通信协议，如 Modbus、Profinet、DNP3 等，种类多达数千种，而且大多相互不兼容。普通信息系统采用 TCP/IP 协议，使用通用协议。

（5）组件生命周期长。工业信息系统设备的生命周期较长，达 15～20 年，更新慢。普通信息系统生命周期较短，只有 3～5 年，技术迭代快。

（6）可用性要求高。工业信息系统要求网络和设备 7 天×24 小时连续不间断工作。如果遇到需要中断的情形，必须提前规划且严格设定时限。普通信息系统可以承受重新启动，可忍受可用性缺陷。

（7）操作系统专用。工业信息系统使用专用操作系统，对其修改和更新需要专业知识支持。普通信息系统使用通用操作系统，升级操作相对简单。

（8）技术支持专业。工业信息系统要求特定供应商提供服务，普通信息系统可兼容多样化的技术服务。

（9）资源使用有限。工业信息系统不允许使用第三方信息安全解决方案，资源使用限制多，而普通信息系统可以使用第三方信息安全解决方案。

（10）系统变更谨慎。工业信息系统对系统变更升级十分谨慎，在变更前要进行全面测试，提前制订详细计划和时间表，而且不可高频次停机实施漏洞修复。而普通信息系统可以实现软件自动更新，安全补丁及时变更[5]。

3）工业信息安全的风险管理特征

工业信息安全的风险管理特征如下。

（1）风险来源增多。在数字时代，工业控制系统不管是隔离，还是开放都存在风险，主要存在接入型风险、封闭型风险和开放型风险。接入型风险是指工业生产接入各种工业设备、系统、软件所产生的风险。封闭型风险是指工业控制系统专有通信协议多种多样，大多缺少安全机制，导致安全防护碎片化，安全风险出现"乘数效应"。开放型风险是指工业互联网时代用户多，跨领域、跨系统信息交互频繁,使安全风险以更快的速度传导蔓延。

(2) 攻击活动复杂多样。在实践过程中,对工业信息系统发动网络攻击,攻击动机、手段和攻击组织等都比较复杂。一是攻击动机较为复杂。比如,有的境外组织以获取情报为目的发动攻击,有的黑客组织以创建僵尸网络为目的发动攻击,有的企业内部员工以发泄不满情绪为目的发动攻击,等等。二是入侵途径多种多样。由于工业控制系统结构固定、形式多样、网络组成元素复杂,造成可入侵的途径很多,如工业互联网、移动介质、维修接入等都能为入侵提供便利。三是攻击手段专业化。当前,针对工业控制系统的攻击很多是由专业化黑客组织发动的,成员之间有科学的分工、详细的计划、明确的目标,攻击效率较高。

(3) 发现隐患困难。工业领域的信息安全隐患发现难,主要有三个原因。一是工业设备和系统国产化率低,对进口设备和系统的高度依赖,导致无法全面掌握国外工业设备和系统存在的安全隐患。二是在工业领域同时使用控制网、管理网和公共互联网,三网并存、网络结构复杂,导致难以精准定位风险点。三是发现安全隐患需要专业技术支撑,归根结底需要既懂工业制造,又精通信息安全技术的复合型人才,而目前这方面人才匮乏[6]。

(4) 影响后果严重。工业系统设备遭受网络攻击,会带来一系列严重后果。比如,破坏生产设备和系统,造成生产停滞,给企业带来经济损失,可能造成人员伤亡,影响行业发展和经济发展,威胁国家利益和安全。

(5) 安全防护要求高。工业信息安全防护要重点保障业务的连续性、实时性,要适应工业数据规模大、种类多、流动复杂的特点,要适应业务和网络边界逐渐模糊的形势。同时,不同行业领域对安全防护要求各不相同。如石化行业采用连续生产流程,控制系统以 DCS 为主,安全防护要求比较集中;冶金行业采用混合生产流程,控制系统以 PLC 为主,系统分而治之,安全防护比较分散,点多面广[7]。

(6) 安全监管要求高。由于工业网络系统是分散、隔离、独立的,因此需要多层部署安全防护措施,涵盖系统、网络、平台、数据等多方面。这既要求实施俯瞰式监管,加强监测数据利用,开展综合态势感知和风险预警,又要求监管工业信息系统采用专业措施,使用专业人才。相比之下,普通信息系统使用社会公共互联网,对监管措施和要求较低,可通过分析流量感知风险,从而采取有针对性的措施,更容易做到精准把脉、对症下药。

(7) 监管机构专门化。工业信息安全具有专业性和行业性,所以工业信息系统要求在重点行业和领域设置专门信息安全保障机构,并建立相应的安全工作机制。维护普通信息系统安全,则需要建立计算机网络安全应急响应机构。

4)工业信息安全的时代特点

网络安全是整体的而不是割裂的,是动态的而不是静态的,是开放的而不是封闭的,是相对的而不是绝对的,是共同的而不是孤立的。作为网络安全不可或缺的组成部分,工业信息安全同样鲜明地体现了这五个特点。

第一,工业信息安全是整体的而非割裂的。工业信息安全防护要具有全局视野、大局意识,从整体出发谋划和推进相关工作。一是因为工业信息安全辐射影响政治安全、国土安全、军事安全、经济安全、文化安全、社会安全、科技安全、生态安全、资源安全、核安全、太空安全等国家安全构成要素,对于国家安全体系具有"牵一发而动全身"的效应,因此,必须从全局视野认识工业信息安全问题,做好安全防护工作。二是因为工业控制系统的单点安全隐患可能造成工业信息系统的整体崩溃,这就要求工业信息安全防护必须综合考虑各安全要素之间的协同性。

第二,工业信息安全是动态的而非静态的。在工业信息安全领域,系统漏洞、产品漏洞、管理漏洞是动态变化的,威胁手段也是动态的,这就决定工业信息安全防护必须采用动态防护理念和策略,做好安全态势实时监测。

第三,工业信息安全是开放的而非封闭的。在智能制造发展背景下,工业控制系统、工业互联网、工业数据等都是开放的,工业信息安全的保护对象处于开放环境下,这就要求安全防护措施开放,摒弃封闭僵化的安全措施。此外,加强国际科技合作交流,大力引进信息安全先进技术,推动做好工业信息安全防护工作,也是工业信息安全开放性的体现。

第四,工业信息安全是相对的而非绝对的。工业信息安全具有脆弱性,上一秒的安全可能紧跟着下一秒的威胁。虽然安全防护工作在不断进步,但是在特定时间里不可能存在绝对安全。由于网络攻防具有不对称性,往往是攻易守难,加上网络安全事件具有难以预料的突发性,因此必须加强事前防范、事中监管和事后处置,须臾不能放松。

第五,工业信息安全是共同的而非孤立的。工业信息安全是全球性问题,一方面,要求多方力量参与保护工业信息安全,政府、企业、高校、社会组织、个人都应参与其中,共同筑牢工业信息安全防线。另一方面,要求各国共同参与维护工业信息安全,通过加强沟通交流、开展国际合作、建立信息共享机制等,共建工业信息安全国际治理新秩序，推动构建网络空间命运共同体。

1.2　我国工业信息安全的发展现状

认清总体形势是研究工业信息安全的现实基础。随着数字时代深入推进，智能制造加快发展，工业信息安全面临的风险挑战增多。本节将分析工业信息安全形势，梳理我国维护工业信息安全的做法成效，并总结我国工业信息安全面临的问题，为我国工业信息安全整体现状画像。

1.2.1　工业信息安全形势分析

当前，全球网络攻击不断升级，我国工业信息安全形势复杂严峻。接下来，我们从高级持续性威胁（advanced persistent threat，APT）攻击、勒索病毒攻击、供应链攻击、数据泄露以及利用安全漏洞等方面分析工业信息安全形势。

1）APT 攻击持续升级

近年来，APT 组织数量不断增加，攻击行为活跃。2022 年，绿盟科技观测到公开披露的来自 96 个 APT 组织攻击有 195 次[8]。从行业分布看，2023 年上半年，高级持续性威胁事件涉及我国政府、能源、科研教育、金融商贸、科技等多个行业，其中，涉及政府部门的威胁事件占 33％，数量最多；涉及能源行业事件数量次之，占 15％[9]。当前，APT 组织攻击的针对性和欺骗性有所升级。以破坏为目的的攻击活动兴起[10]，邮件服务器成为攻击目标，面向开发人员的供应链攻击增加，对加密货币行业的攻击变本加厉[11]。

2）勒索病毒攻击形势严峻

在我国，制造业、科技和医疗行业受勒索病毒攻击最严重，行业占比分别为32％、22％和 15％。由于制造业对生产连续性和系统可用性要求较高，受害者被迫缴纳赎金情况较多[6]，因此，攻击者攻击制造业更容易得手。

2022 年 1 月至 2023 年 3 月，奇安信网络安全应急响应服务平台接报勒索病毒攻击典型事件 206 起。这些事件呈现出以下特点。一是攻击来源无法溯源，二是对企业网络设备影响面大，三是勒索病毒攻击持续时间较长，四是攻击手法多元化[12]。

3）供应链攻击依然多发

随着制造业"智改数转网联"深入推进，供应链由企业的单线连接向网络化、多层次的全方位链接转变，但也为实施供应链攻击提供了更多便利。供应链攻击隐蔽性强、威胁对象多、影响范围广，其实质是利用上游企业的安全薄弱环节实施攻击，引发连锁反应，达到"突破一点、伤及一片"的效果。开源软件是供应链攻击的重点对象，具有较高的安全风险。开源软件自身安全状况持续下滑，开源项目维护者对安全问题不够重视，国内企业因使用开源软件而引入安全风险的情况严重[13]，一系列因素叠加导致软件供应链安全风险总体处于较高状态。

4）工业数据泄露影响进一步扩大

在我国，数据泄露已成为工业信息安全的主要威胁之一。2022年国内数据安全执法事件中，近一半事件与数据泄露有关。从数据泄露的类型看，内部员工非法采集和使用数据的事件占32%，数据使用不当的事件占21%，非法收集个人信息的事件占21%，缺乏保障数据安全技术和措施的事件占16%，外部黑客非法采集和使用数据的事件占10%。可见，内部员工非法采集和利用数据是数据泄露的主要原因[8]。另外，数据泄露是工业信息安全受破坏的主要影响后果。2022年，工业控制系统受攻击导致数据泄露的事件占30.9%[14]。

5）工业安全漏洞利用风险增加

当前，安全漏洞呈现"量减质增"的特点，要害性增强。根据国家信息安全漏洞共享平台（CNVD）统计，2023年该平台共披露漏洞18 635个，同比下降22.03%。其中，高危漏洞占47.22%，中危漏洞占46.93%。2023年高危漏洞8 800个，同比增长5.02%。在2023年CNVD收录的漏洞中，工控行业漏洞（422个）远少于电信行业（1 981个）和移动互联网行业漏洞（1 690个），这可能因为工控系统的设备环境和架构相对封闭，挖掘漏洞难度较大，但也说明，一旦关注和挖掘工控系统漏洞，可能会发现大量未公开漏洞。漏洞影响对象分布广泛，包括Web应用、应用程序、网络设备、操作系统、智能设备、工业控制、安全产品、数据库、车联网系统等[15]。

1.2.2 我国维护网络和数据安全的措施和成效

保护工业信息安全是一项复杂、长期的系统工程，要通过加强网络和数据安全管理,织牢织密安全防护网。近年来,我国维护网络和数据安全呈现以下特点[16]。

1) 网络基础设施安全防护不断夯实

我国信息通信网络安全防护定级备案管理实现行业内全覆盖,其中,基础电信企业网络单元数量占比 51.6%,互联网企业网络单元数量占比 48.3%。进一步完善行业关键信息基础设施识别认定、安全保护制度体系,实施《网络产品安全漏洞收集平台备案管理办法》,建设和完善网络安全威胁和漏洞信息共享平台(NVDB)。2023 年,工业和信息化部(以下简称工信部)统筹全行业力量,处置各类网络安全威胁 5.7 万余个。发布网络关键设备安全检测结果涉及网络关键设备 230 款,不断加强工业网络关键设备的安全管理。

2) 工业互联网安全保障体系持续健全完善

我国研究编制《工业互联网安全分类分级管理办法(征求意见稿)》,制定发布《工业控制系统网络安全防护指南》。工信部推动联网工业企业、平台企业、标识解析企业安全防护等 4 项国家标准报批,推动 20 余项工业互联网安全行业标准立项研制。截至 2023 年,国家工业互联网安全技术监测服务体系基本建成,覆盖全国 31 个省区市,14 个重点行业领域,超 14 万家工业企业,186 个重点工业互联网平台。实施工业互联网安全分类分级企业超过 2 000 家。工信部遴选推广 34 个工业互联网安全深度行典型案例和 10 个成效突出地区,持续举办"铸网-2023"工业互联网安全演练,发现一批安全问题隐患,推动检验和提升企业网络安全风险防范水平。

3) 车联网安全保障水平持续提升

深入推进车联网网络安全防护定级备案,2023 年工信部完成 166 个主流在用平台备案,已有 120 余家企业纳入定级备案管理。协同推进智能网联汽车准入和上路通行试点,2023 年 11 月,工信部、公安部、住房和城乡建设部、交通运输部联合发布《关于开展智能网联汽车准入和上路通行试点工作的通知》。创新开展车联网服务平台远程安全检测,2023 年工信部开展了三批次 172 个车联网服务平台远程安全检测,发现 146 个安全问题隐患,初步形成车联网安全检测和通报处置常态化机制。我国加快建设车联网网络和数据安全标准体系,推进 46 项重点标准研制。工信部举办"铸网-2023"车联网安全演练,近110 家产业链主体积极参与,提升应对重大网络安全风险能力。

4）工信领域数据安全管理体系化推进

近年来，我国持续完善行业数据安全监管制度，逐渐形成行业数据安全"1＋5"政策制度体系。"1"是指 2022 年 12 月印发的《工业和信息化领域数据安全管理办法（试行）》；"5"是指重要数据识别、风险评估、行政处罚、应急预案、风险信息报送与共享等五项制度。在行业数据安全全流程监管方面，工信部部署开展行业重要数据识别、目录制定和备案工作，覆盖各地方主管部门，22 家中央企业和部属单位，工信领域重要数据底数初步摸清。遴选首批 12 家风险直报单位，建立风险分析专家组，累计报送处置风险信息 4 100 余起。开展数据安全风险防范品牌行动"数安护航"专项行动，指导汽车、钢铁、电信和互联网等行业 470 余家企业整改处置风险问题 1 600 余个。调查处置 9 起重大数据安全事件，开出工信领域数据安全"第一张罚单"。中国互联网协会建立电信和互联网行业数据安全举报投诉处理工作机制，2023 年共处置行业数据安全举报投诉事件 6.2 万件。

5）推动网络和数据安全产业创新发展

2023 年，《工业和信息化部等十六部门关于促进数据安全产业发展的指导意见》和《工业和信息化部　国家金融监督管理总局关于促进网络安全保险规范健康发展的意见》先后发布，为网络和数据安全产业发展注入新的动力和活力。积极打造更高质量的网络和数据安全企业梯队，目前已培育网络安全专精特新"小巨人"企业 37 家，上市企业 28 家，数据安全专精特新"小巨人"企业达19 家。工信部批复成立数据安全关键技术与产业应用评价重点实验室、工业领域数据保护与安全测评重点实验室。2023 年工信部批复建设成渝国家网络安全产业园区，持续推动北京、长沙国家网络安全产业园区建设，目前已集聚企业超千家，有力促进我国网络安全产业发展。

1.2.3　我国工业信息安全面临的问题

我国工业信息安全经过多年建设取得了明显成效，但面对工业信息安全动态防护需求、新型基础设施建设发展安全保障需求，对照制造强国、网络强国和数字中国建设要求，对标世界网络强国发展水平，还存在一些问题和不足[17]。

1）工业企业新旧安全风险相互交织

这主要体现在：一是勒索软件风险短期内难以消除。目前工业领域

Windows XP、Windows 7 等操作系统的存量仍然较大,而且升级成本较高,导致短期内难以升级操作系统,勒索软件对工业信息系统的影响将长期存在。二是工业巨头面临较大网络安全风险。由于攻击企业后给攻击者带来的收益与企业规模及价值呈正相关,因此,工业巨头往往成为攻击的主要目标。三是工业企业信息安全防护存在明显的短板。有调研显示,近八成工业企业的信息安全防护水平已满足《工业控制系统信息安全防护指南》的基本要求,但能够被评估为"良好"和"优秀"水平的工业企业不足两成,整体防护水平有待提升[18]。

2) 动态防护要求提升安全协同能力

我国工业信息安全管理体系建设有待提速,各方协同配合能力需要加强。一是各方职责仍需加快落实。在实践中,地方主管部门仍然缺乏有效的管理抓手和支撑力量,工业企业仍然缺少具体政策文件指导。二是工业企业网络安全制度建设滞后。目前,工业企业网络安全防护基本以合规为标准,企业在平台安全、供应商安全要求、安全运维、安全培训等方面缺少相关管理制度,安全责任不明晰、对内部人员缺乏有效管理。三是安全企业创新服务能力有待加强。当前,国内信息安全市场以软、硬件产品销售为主,而专业服务能力不足。在实践中,大部分安全厂商的做法是"拓扑图上放置公司自有产品",而没有充分认识到,只有结合用户实际需求,设计合适的解决方案,才是用户真正需要的服务[19]。

3) 数字基建要求加大安全技术创新

在加强数字基础设施建设的背景下,工业信息安全防护需要增强技术创新能力。一是新技术融合应用伴生新的安全问题。云计算、大数据、人工智能、物联网等数字技术发挥赋能作用,同时也将安全风险带入了新型基础设施建设、应用和管理之中。芯片、架构、传感器等核心零部件的供给存在稳定性和安全性风险。二是细分安全领域需要定制化产品和服务。5G、人工智能、区块链等新技术在工业领域衍生出不同的落地产品和解决方案,需要加快推出针对细分行业的信息安全定制化产品和服务。三是数据安全亟须加强场景化管理。由于工业数据体量大、种类多、结构复杂,保护需求多样,对工业数据要开展精细化治理和场景化管理。

4) 工业信息安全产业发展尚未成熟

我国工业信息安全行业仍处于高速发展的初级阶段,面临"成长中的烦恼"。一是同质化竞争。目前工业企业信息安全需求主要限于应对安全事件风险和满足合规要求,采购信息安全产品服务的主动性不强。相应地,安全厂商研发投入动力不足,导致整个行业出现低水平、同质化竞争。二是市场集中度不高。当前,我国工业信息安全产业竞争格局呈现碎片化,规模经济效应难以快速实现,市场份额增长缓慢。安全厂商尚未形成足够强大的技术优势和品牌优势[19]。三是中小企业融资难。大多数安全厂商在工业信息安全领域还处于发展初期,业绩稳定性有待提升,所以,投资人往往持谨慎参与态度,这增加了中小企业的融资难度。

5)专业人才培养和认证机制有待健全

目前,工业信息安全人才供给与行业实际需求匹配度不高。一方面,工业信息安全领域人才匮乏。据教育部分析,到 2027 年,我国网络安全人才缺口将达 327 万,而目前高校人才培养规模为 3 万/年[20]。另一方面,人才结构也不合理,从事技术层面人才较多,而从事战略规划、架构设计人才较少,兼具技术、业务和战略背景的高层次复合型人才则更少[21]。究其原因,工业信息安全人才"引育留用"存在一些问题。如,人才培养体系难以满足行业需求,安全竞赛对人才培养的导向性不足,缺少工业信息安全人才的资格认证机制。

1.3 工业信息安全面临的风险威胁

随着工业控制系统(industrial control system, ICS)和工业物联网(industrial internet of things, IIoT)设备的普及,传统工业环境与信息技术融合发展,带来了显著的效率和生产力提升,但同时也暴露出工业系统面临的新型威胁和挑战[22]。本节将考察当前工业信息安全面临的主要风险和威胁,为后续章节讨论防御策略和最佳实践奠定基础。

1.3.1 工业网络攻击的类型

深入了解网络攻击类型是保护工业资产、构建更加安全可靠的智能制造环境的前提基础。本节将集中介绍 11 种常见的、具有破坏力的工业网络攻击类型,推动防范工作更加有的放矢。

1）勒索软件攻击

勒索软件攻击是一种恶意软件的攻击形式，通过加密受害者的文件和数据，阻止用户访问自己的系统或数据，并要求支付赎金以获取解密密钥。勒索软件通过网络钓鱼电子邮件、恶意广告，以及未修补的软件漏洞等来传播。

在工业环境中，勒索软件攻击的目标主要包括关键工业控制系统（ICS）、运营技术（operational technology，OT）设备以及与其相连的信息技术（information technology，IT）系统。攻击者通常会寻找那些对业务连续性影响较大的系统[23]，如生产线控制系统、数据存储和备份系统，以及企业资源规划（enterpnse resource planning，ERP）系统等。常见的勒索软件入侵方式有网络钓鱼、利用漏洞、远程桌面协议、恶意广告等。

勒索软件攻击过程一般包括以下步骤。

（1）渗透阶段：攻击者通过发送含有恶意附件或链接的电子邮件来诱导不知情的用户下载、打开恶意软件；或者利用系统或软件中已知的未修复漏洞，远程安装勒索软件；或者利用恶意广告（malvertising）、社交工程技巧等手段传播勒索软件[24]。

（2）加密阶段：一旦勒索软件成功渗透目标系统，便会快速扫描系统，寻找特定类型的文件，如文档、图片、数据库和其他重要文件。接着，文件会被恶意软件使用复杂的加密算法加密。这一过程通常很快，而且用户在加密过程中往往无法察觉。

（3）勒索要求：加密完成后，勒索软件会在用户设备上显示勒索信息，包括支付赎金的要求、支付方式（往往是匿名的加密货币，如比特币）、支付赎金的截止日期等。

（4）通信与控制：大多数勒索软件会与攻击者的命令和控制服务器（C&C）建立通信，以传输加密密钥和接受进一步指令。这种通信通常是加密的，以防止安全专家和执法部门跟踪攻击者。

勒索软件攻击对工业环境的具体影响有生产停滞、数据丢失、安全风险增加、产生恢复成本、法律和合规问题、声誉损害。因此，企业应较早采取预防措施，如定期备份、员工培训、及时打补丁等，以最大限度地减少这种攻击的风险和影响。

2）数据泄露和窃取

数据泄露和窃取攻击主要涉及未经授权地访问、提取机密信息和敏感信息。攻击者可能通过多种手段渗透进入目标系统,搜索、复制并转移储存的数据[25]。这种攻击的特点在于悄无声息地获取数据,避免被及时发现和阻止。

在工业环境中,攻击者通常瞄准工业控制系统(ICS)、企业资源计划(ERP)系统、研发数据、客户和员工数据库等。数据泄露和窃取的入侵方式有钓鱼攻击、利用欺骗性电子邮件和消息、利用系统漏洞、社交工程、内部人员攻击。数据泄露和窃取的攻击过程包括以下步骤。

(1)侦察和目标识别:攻击者首先进行详细的侦察,以确定潜在的攻击目标。这包括识别关键的工业控制系统、数据库和有价值的信息存储位置。在这一阶段,攻击者会收集关于目标组织的员工名单、网络结构、使用的软件和系统漏洞等信息。

(2)入侵准备:攻击者根据收集到的信息准备入侵方案,可能包括设计钓鱼电子邮件、创建恶意软件、利用特定软件的漏洞等。在这一阶段,攻击者可能制定多种备选方案,以应对入侵过程中可能遇到的不同情况。

(3)实施入侵:通过网络钓鱼、漏洞利用、社交工程等手段,攻击者尝试渗透目标网络。这一步骤的关键在于尽可能地隐蔽行动,避免触发安全警报。

(4)内部横向移动:一旦进入系统,攻击者可能会尝试横向移动,以寻找有价值的数据和进一步控制网络。攻击者可能会利用内部系统的漏洞,获取更高权限的账户,以便访问更多信息。

(5)数据访问和窃取:攻击者定位和访问包含敏感数据的系统,如财务记录、用户数据、商业秘密等。然后,攻击者会提取这些数据,通过加密和压缩文件来减少传输过程中被发现的风险。

(6)数据传输:窃取的数据被转移到攻击者控制的服务器。这一过程通常是加密的,以避免在传输过程中被拦截。

(7)清理痕迹:在完成数据窃取后,攻击者会尝试清理痕迹,如删除日志文件等,以减少被发现的可能性。

数据泄露和窃取对工业环境的影响包括竞争优势丧失、法律合规风险、声誉受损、经济损失、安全威胁加剧等。因此,为防范数据泄露和窃取,工业企业需要加强网络安全防护、提高员工安全意识、实施严格的访问控制和数据加密,并定期进行安全审计和漏洞评估等。

3)供应链攻击

供应链攻击[26]是指通过目标企业的供应链伙伴和服务提供商实施的攻

击。这种攻击的工作原理是渗透到供应链的某个环节,并以此为跳板,进一步攻击目标企业的网络。由于供应链伙伴对目标网络具有合法访问权限,这种攻击往往难以检测和防范。

供应链攻击的目标是那些与关键供应商、服务提供商和合作伙伴有紧密业务联系的企业。常见的入侵方式有:恶意软件植入、利用第三方弱点攻击、更新机制劫持等。供应链攻击过程一般包括以下步骤。

(1)目标识别与侦察:攻击者首先确定目标企业,并对其供应链结构进行详细的研究。这包括识别供应商、合作伙伴和服务提供商。攻击者会特别关注那些在安全防护上可能存在漏洞的小型供应商和合作伙伴。

(2)选择入侵点:攻击者评估各个供应链环节的安全强度,寻找最容易渗透的点,如具有较弱网络安全防护的小型供应商。在这一阶段,攻击者会进行一系列的侦察活动,包括网络侦察、社交工程及其他信息收集手段等。

(3)初步渗透和建立立足点:通过针对选定的供应链环节进行网络攻击(如利用漏洞、钓鱼攻击),攻击者企图渗透进入这一环节的网络系统。一旦成功,攻击者会在此系统内建立立足点,以便进一步开展行动。

(4)内部横向移动:攻击者在供应链环节的网络内部进行横向移动,寻找可以访问目标企业网络的通道。在这一过程中,攻击者会利用更多的网络工具和技术来扩大控制范围,同时继续隐蔽其行动。

(5)向目标网络扩散:利用已控制的供应链环节作为跳板,攻击者将恶意软件或其他攻击载荷传播到目标企业网络。这可能通过篡改软件更新、发送含恶意代码的电子邮件或其他远程攻击方式实现。

(6)攻击实施:一旦进入目标网络,攻击者开始实施预定的恶意活动,如窃取敏感数据、植入后门或对系统进行破坏。

供应链攻击对工业环境造成的影响包括系统和数据损害、长期监控与间谍活动、信任关系受损、经济损失、法律责任和合规风险等。因此,企业应对供应链攻击不仅要加强自身安全防护,还要对供应链伙伴的安全状况进行评估和监控,共同确保整个生态系统的安全性。

4)拒绝服务(DoS)攻击

拒绝服务(denial of service, DoS)攻击[27],旨在通过过载目标系统的网络资源使其无法正常运行。这种攻击通过发送大量请求和数据包到目标服务器,超出其处理能力,导致服务中断和系统崩溃。在更复杂的分布式拒绝服务

(distributed denial of service, DDoS)攻击中,攻击者利用多个受感染的设备同时发起攻击,进一步增加攻击强度。

DoS 攻击在工业环境中常见的目标有工业控制系统(ICS)、SCADA 系统、网络基础设施、在线服务和应用程序。

常见的入侵方式有直接流量洪泛、放大攻击、利用受感染的僵尸网络(Botnet)等。DoS 攻击过程一般包括以下步骤。

(1) 目标选择:攻击者首先会确定攻击目标。目标被选中,往往是因为其对业务运营的重要性,或者因为目标具有已知的脆弱性。

(2) 攻击类型和工具选择:攻击者选择合适的攻击方法,如直接流量洪泛、放大攻击、利用僵尸网络(Botnet)等。选择的方法取决于攻击者的资源、目标系统的特性以及攻击者的具体目的。

(3) 攻击流量生成:在直接流量洪泛攻击中,攻击者可能使用一台或多台计算机直接向目标发送大量请求或数据包。在放大攻击中,攻击者利用 DNS 等公共服务的漏洞,发送少量请求但产生大量响应流量。在僵尸网络攻击中,攻击者通过控制和协调大量受感染的设备(称为"僵尸"),同时向目标发送请求。

(4) 攻击执行:攻击者启动攻击,导致目标网络、服务器和服务面临巨大的流量压力。目标系统由于无法处理大量的并发请求而变得缓慢,甚至完全崩溃。

(5) 维持攻击:攻击者会持续一段时间执行攻击,以确保目标系统无法恢复。在此过程中,攻击者可能调整攻击策略,以应对目标企业采取的防御措施。

(6) 监控攻击效果:攻击者会监控攻击的影响,以评估攻击有效性。如果目标企业采取了应对措施,攻击者也会作出调整,尝试绕开企业的防御手段。

DoS 攻击对工业环境的影响主要有系统服务中断、安全风险、维修和恢复成本、声誉损害、数据丢失等。因此,防御 DoS 攻击需要增强网络基础设施韧性、实施流量监控和过滤、建立应急响应计划等。在工业环境中,要特别关注控制关键工业流程的系统,确保其能够抵御这类攻击。

5) 漏洞利用攻击

漏洞利用攻击,是指识别并利用目标系统中的安全漏洞来获得非法访问和控制。漏洞可能存在于软件、操作系统、固件和网络配置中[28]。攻击者利用未修补和未知漏洞,可以执行恶意代码、窃取数据、破坏系统功能或创建后门。

在工业环境中,漏洞利用攻击的目标包括工业控制系统(ICS)、企业 IT 基础设施、操作技术(OT)设备等。漏洞利用攻击常见的入侵方式有利用已知漏洞、零日攻击、网络扫描等。漏洞利用攻击的过程包括以下步骤:

(1)侦察与漏洞识别:攻击者首先对目标企业的网络和系统进行侦察,识别可利用的漏洞。这可能包括利用公开的漏洞数据库、网络扫描工具和其他技术手段。

(2)漏洞分析和利用代码准备:一旦确定潜在的漏洞,攻击者会分析漏洞的具体细节,并准备相应的利用代码。这可能涉及现成的利用工具和定制编写的恶意代码。

(3)漏洞利用与系统入侵:攻击者通过网络向目标系统发送含有恶意代码的数据包和请求,利用识别的漏洞执行恶意操作。这可能包括远程执行代码、提升权限、窃取数据、创建后门等。

(4)后续行动和网络横向移动:在成功渗透系统后,攻击者可能会进行横向移动,寻找更多的数据和控制点,以扩大攻击的影响。这个阶段可能涉及进一步的漏洞利用、使用窃取的凭证、利用内部网络中的其他弱点等。

(5)目的实现和后门创建:攻击者利用入侵成功的机会来实现其最终目的,如数据窃取、系统破坏和长期监控等。攻击者还可能会在系统中安装后门,以便未来重新访问。

(6)痕迹清理和隐蔽行动:攻击者会采取措施隐藏其活动,包括清除日志、隐藏恶意软件和伪装其通信等。

漏洞利用攻击对工业环境的影响有操作中断、数据泄露、系统破坏、安全后门、法律和合规风险等。因此,为防范漏洞利用攻击,工业企业不仅需要实施定期的安全评估、漏洞扫描并及时更新修补程序,还要对关键系统进行隔离、加强常态监控,并增强员工信息安全意识。

6)间谍软件和恶意软件

间谍软件和恶意软件[29]是专门为秘密监视、损害和操纵目标系统而设计的软件。间谍软件通常用于收集敏感信息,如键盘击键、屏幕截图和个人数据等;恶意软件包括病毒、蠕虫、特洛伊木马等,可用于破坏系统功能、窃取数据和创建后门。

在工业环境中,间谍软件和恶意软件的目标包括工业控制系统、企业网络和服务器、终端用户设备。恶意软件常见的入侵方式有利用钓鱼电子邮件、利用软件漏洞、利用物理介质、利用第三方软件等。间谍软件和恶意软件攻击过程包括以下步骤：

（1）部署和传播：恶意软件可以通过多种渠道部署到目标系统中。例如，攻击者可能发送含有恶意附件或链接的钓鱼电子邮件，诱使用户下载或打开这些文件。攻击者可能利用公共 Wi-Fi 网络或物理介质（如 USB 驱动器）传播恶意软件。另外，第三方软件，特别是那些未经认证的应用程序，也可能成为恶意软件的传播工具。

（2）激活和执行：一旦恶意软件进入目标系统，便会激活并开始执行其设计的任务。这可能包括安装额外的恶意组件、修改系统配置、禁用安全软件等。恶意软件既可以监视用户活动（如键盘记录和屏幕截图），也可以直接破坏文件或系统。

（3）信息收集和传输：间谍软件的主要目的是收集敏感信息，包括记录用户的键盘输入、捕获屏幕内容、访问文件系统和窃取登录凭据等。收集到的信息会被秘密发送回攻击者的服务器，可用于实施身份盗窃、金融诈骗等违法犯罪活动。

（4）持续潜伏和后续操作：许多恶意软件被设计成在系统中持续潜伏，以便攻击者长期监控或控制受感染的设备。在某些情况下，恶意软件能等待特定的指令和条件来激活额外的恶意活动，如远程控制攻击、进一步实施数据窃取等。

间谍软件和恶意软件攻击对工业环境的影响有业务运营中断、数据泄露和盗窃、系统损害、持续监控风险、信任和声誉损失等。为防范间谍软件和恶意软件攻击，工业企业要加强安全防护措施，包括定期更新软件和系统、加强员工安全意识培训、实施端点保护措施，并确保网络安全监控系统能够及时检测和响应这些威胁。

7）网络钓鱼攻击

网络钓鱼攻击[30]是一种社交工程技巧，目的是通过伪装成合法实体来欺骗个人或员工，从而获取敏感信息，如登录凭据、财务信息和其他个人数据。这种攻击通过发送看似合法的电子邮件、短信和社交媒体消息来实施。这些消息含有误导性链接、恶意附件或欺诈性请求。

在工业环境中，网络钓鱼攻击的目标包括员工、管理层、IT 和安全团队等。网络钓鱼攻击常见的入侵途径有伪装电子邮件、链接诱导、恶意附件、社交媒体欺诈等,网络钓鱼攻击的过程一般包括以下步骤。

（1）目标识别和信息收集:攻击者首先确定攻击目标,通常是企业员工或特定个人,尤其是那些具有关键访问权限的人员。攻击者会收集目标的个人信息、工作背景和职务相关数据等。

（2）伪装和消息制作:攻击者创建看似来源合法的电子邮件、短信和社交媒体消息。这些消息的内容、语气和格式都模仿真实的通信场景,通常包括紧急的或吸引人的元素。

（3）恶意链接或附件:邮件和消息包含恶意链接。这些链接看起来像合法网站,但实际上重新链接到伪造的钓鱼网站[31],也可能包含恶意附件,如 PDF 文件、图像文件等,一旦打开即刻释放恶意软件。

（4）诱导受害者行动:受害者被诱导点击链接并输入个人信息,如用户名、密码或财务信息等,其在伪造网站中输入的信息被攻击者收集。或者受害者被诱导打开附件,恶意软件被安装到其设备上。

（5）数据窃取和后续行动:攻击者使用窃取的信息进行未授权访问,可能导致进一步的攻击,如身份盗窃、财务欺诈、企业网络入侵。若部署了恶意软件,攻击者可能获得长期的系统访问权或进行更深入的网络渗透。

（6）隐蔽和维持访问:为避免被安全系统检测到,攻击者会努力隐藏其活动,包括采取加密通信、清理日志记录、采取隐蔽通道等。

网络钓鱼攻击对工业环境造成的影响有数据泄露、系统安全威胁、财务损失、声誉损害、法律合规风险。因此,防范网络钓鱼攻击,要加强员工安全意识培训、电子邮件过滤和监控、定期的安全演练等。

8）跨站脚本攻击(XSS)和 SQL 注入攻击

跨站脚本攻击(XSS)是指攻击者将恶意脚本注入受信任的网站上,当用户访问网站时,恶意脚本就会在用户的浏览器中执行,从而窃取敏感信息或进行其他恶意活动。SQL 注入攻击是指攻击者在输入数据中嵌入恶意 SQL 代码,当应用程序执行这些未经验证的输入时,恶意代码就会被执行,这可能导致未授权的数据库访问和修改。

跨站脚本攻击和 SQL 注入攻击的目标包括 Web 应用程序和存储敏感数据的数据库服务器[32]。常见的入侵方式有恶意用户输入、针对弱点的脚本等。跨站脚本攻击的过程如下。

（1）识别漏洞:攻击者首先识别目标 Web 应用中的 XSS 漏洞,通常是那些不正确处理用户输入的地方。攻击者通过测试输入和观察应用响应来确定漏洞位置，如反射型 XSS 在用户输入后立即反映在输出中。

（2）制作恶意脚本：一旦发现漏洞，攻击者就会创建恶意脚本。这些脚本是为了在受害者浏览器中执行，可能包括窃取 Cookie、记录键盘输入、重定向到恶意网站的代码。

（3）注入脚本：攻击者将恶意脚本注入 Web 应用的输出中，这可以通过直接输入到网站表单、构造特殊的 URL 或通过社交工程技术使用户点击链接来实现。

（4）脚本执行：当受害者访问含有恶意脚本的页面时，浏览器会执行这些脚本，导致安全威胁，如数据泄露、会话劫持等。

SQL 注入攻击的攻击过程包括以下步骤：

（1）探测数据库漏洞：攻击者寻找 Web 应用中与数据库交互的点，如登录表单、搜索栏或其他用户输入界面。攻击者尝试输入特殊的 SQL 代码段，看应用是否将这些输入作为 SQL 命令执行。

（2）编写恶意 SQL 查询：一旦确定应用对 SQL 注入漏洞易受攻击，攻击者会构造专门的 SQL 语句。这些语句在执行时会篡改数据库查询，这可能包括获取敏感数据（如用户名和密码）、修改数据或删除数据。

（3）执行攻击：攻击者将恶意 SQL 代码通过用户输入提交到应用程序。应用程序不加验证地将输入传递给数据库。若执行了这些恶意查询，可能导致未授权的数据访问或数据库损害。

跨站脚本攻击和 SQL 注入攻击对工业环境的影响有数据泄露、系统安全威胁、服务中断、法律合规问题。为应对跨站脚本攻击和 SQL 注入攻击，工业企业需要在 Web 应用和数据库中实施严格的输入验证、安全编码实践和定期安全审计[33]。此外，部署 Web 应用防火墙（WAF）和数据库监控工具也是重要的防御措施。

9）中间人攻击

中间人攻击（man in the middle，MITM），是指攻击者秘密拦截并可能篡改两方之间的通信。攻击者在受害者和目标系统（例如服务器）之间建立独立的连接，并交换他们之间传输的数据，以便在不被发现的情况下窃取和篡改信息。

中间人攻击的目标有数据传输和认证信息。中间人攻击常见的入侵方式有不安全的网络、地址解析协议（address resolution protocol，ARP）欺骗、DNS 劫持、SSL 剥离等。中间人攻击的过程包括以下步骤。

（1）拦截阶段：攻击者首先要找到一种方式拦截目标通信。这通常发生在网络层面，例如在公共 Wi-Fi 或企业网络中。常见的拦截方法包括网络嗅探（监听网络流量）、ARP 欺骗（在局域网中欺骗设备，使流量通过攻击者的机器）、DNS 劫持（改变域名解析，引导用户访问攻击者控制的服务器）等。

（2）建立控制：攻击者在成功拦截通信后，建立两个独立的连接，一个是与真正的发送方连接，另一个是与接收方连接。在这种设置下，攻击者成为两个合法通信方之间信息交换的中转站，所有数据都会通过攻击者。

（3）监听和篡改：攻击者可以监听通信，获取敏感数据，如登录凭据、财务信息或其他私密通信。攻击者还可以修改通信数据，例如，改变一个交易的细节或注入恶意内容。

（4）维持隐蔽性：为了保持攻击的隐蔽性，防止被发现，攻击者会使用各种技术来隐藏其活动，如加密恶意流量、使用隐蔽的网络通道等。

中间人攻击对工业环境造成的影响有数据泄露、通信失去可靠性、生产过程受干扰、信任损失等。因此，为防御中间人攻击，工业环境需要使用加密协议（如 HTTPS、SSL/TLS）、安全的网络架构设计，以及开展定期的安全审核和员工培训[34]。

10）零日攻击

零日攻击是指利用软件中未知安全漏洞进行攻击。这些未知漏洞之所以称为"零日"漏洞，是因为开发者在意识到漏洞存在之前，已有攻击发生。攻击者利用这些漏洞绕过常规的安全防御措施实施攻击，直到漏洞被发现并修复之前，没有现成的防护措施能够阻止这类攻击。

零日攻击的目标有软件和操作系统、工业控制系统。零日攻击的入侵方式有网络渗透、恶意软件、社交工程等。零日攻击的攻击过程包括以下步骤。

（1）漏洞识别：攻击者通过各种手段（如逆向工程、自动化扫描工具、黑市信息购买等）发现软件或系统中的未知漏洞。

（2）利用代码开发：一旦发现漏洞，攻击者会开发专门的利用代码（Exploit）。这些代码专门设计用来触发漏洞并执行攻击者的恶意操作，例如安装后门、窃取数据或控制受害者的系统等。

（3）攻击载体选择：攻击者确定传播利用代码的方法，可能包括通过电子邮件发送含有恶意附件的钓鱼邮件、在网站上植入恶意代码、通过社交工程诱使用户下载恶意软件等。

（4）执行攻击：当受害者与攻击载体（如恶意附件、网站或下载链接）交互时，利用代码被触发。这通常涉及执行一系列操作来绕过安全防护，从而执行攻击者的命令或安装恶意软件。

（5）后续行动：攻击者根据其目的执行后续行动。这可能包括远程访问和控制受害者的系统、窃取或篡改数据、破坏系统功能、将受害者机器纳入僵尸网络等。

（6）隐蔽性维持：为了保持攻击的持续性和隐蔽性，攻击者可能会采用各种技术来隐藏痕迹，如使用隐蔽的通信渠道、加密恶意流量，以及定期更改攻击手段等。

零日攻击对工业环境的影响包括系统安全威胁、数据泄露、生产中断、信任和法律风险等。因此，应对零日攻击需要定期的安全更新、深层防御策略、网络分割以及员工安全意识的提高等[35]。

11）高级持续性威胁（APT）

高级持续性威胁（APT）是一种复杂的网络攻击，由高度技术化的攻击者（通常是国家支持的团体或组织）发起，目标明确、执行持久且隐蔽。APT攻击涉及深入的侦察、多层次的入侵手段，以及长期的数据窃取或系统破坏。

APT攻击的目标有关键信息基础设施、高价值企业等。APT攻击常见的入侵方式有钓鱼攻击、社交工程、零日漏洞利用、内部威胁。APT攻击过程包括下列步骤。

（1）目标侦察：APT攻击通常以深入的侦察开始。攻击者收集关于目标组织的详细信息，包括网络结构、安全措施、员工信息等。攻击者寻找可利用的弱点，如系统漏洞、员工的安全意识不足等。

（2）初始入侵：攻击者利用诸如钓鱼攻击、社交工程、零日漏洞等手段，成功地渗透目标组织的网络。入侵后，攻击者会在受害者系统中植入恶意软件，以建立长期的控制。

（3）建立后门和保证持久性：攻击者在系统中创建后门，确保其可以持续访问受害者的网络，即使初始入侵点被发现并关闭。攻击者利用各种技术掩盖其活动，如数据加密、利用合法网络协议进行通信等，以避免被安全系统检测。

（4）横向移动：攻击者在网络中横向移动，寻找更多的敏感数据和控制点，如服务器、数据库等。他们可能会尝试获取更高级别的访问权限,例如管理员权限,以便更广泛地控制网络系统。

（5）数据收集和窃取:攻击者识别和访问敏感数据,如商业秘密、金融记录和个人信息等。随后,他们可能会在长时间内持续窃取这些数据,却不被发现。

（6）持续监视和控制:APT 攻击可能长期监控受害者的网络活动,以收集情报和准备未来的攻击。随着收集更多的信息,攻击者会调整其攻击策略,以更有效地达到目的。

APT 攻击对工业环境的影响有长期数据泄露、系统和网络破坏、经济声誉损失、法律合规风险等。因此,防御 APT 攻击需要持续的网络监控、定期的安全审计、员工培训、高级威胁监测系统,以及针对内部和外部威胁的全面应对策略。

1.3.2　工业信息安全事件的危害后果

工业信息安全事件带来的危害后果是多方面的,既有直接后果,又有间接后果。深入理解和全面把握危害后果既有助于提高对工业信息安全的重视,更能有针对性地减轻或消除不良后果。

1）生产中断

一次成功的工业网络攻击可能导致生产中断,这对制造业企业来说是巨大的经济损失。信息安全事件导致生产中断的后果表现在以下方面:①直接经济损失:生产中断直接导致的是产出停滞,这意味着预期的收入流断裂。②增加成本:对生产中断进行恢复往往需要额外的资金投入,如系统修复、数据恢复和安全加固等。此外,还可能需要支付诉讼费用、罚款或赔偿金。③供应链影响:生产中断不仅影响单个企业,还可能对整个供应链产生连锁效应。生产中断可能波及国际市场,影响多个相关行业。④客户信任下降:生产中断可能导致企业无法按时交付产品或服务,影响企业的信誉和客户对品牌的信任。⑤长期影响:生产中断可能导致长期的市场地位下降、品牌声誉受损和客户忠诚度下降,进而影响企业的长期财务表现。因此,企业要制定有效的风险管理和应急响应计划,消减生产中断影响。

2）安全和环境风险

信息安全事件不仅会对企业的财务和运营造成影响,还可能带来重大的安全和环境风险。信息安全事件导致安全和环境风险的后果包括以下几个方面。①设备控制失效:由于网络攻击或系统故障,关键设备,如自动化机械、监控系统等,可能无法正常工作,导致生产线停止或设备运行异常,造成生产效率降低。②安全事故:设备失控或系统故障可能导致操作员误操作,引起安全事故,如人身伤害、火灾等。③物理破坏:某些攻击可能直接导致物理设备损坏,还可能导致生产场所的破坏。④污染事故:工业控制系统的失效可能导致化学物质泄漏、有毒气体的释放或未处理废物的不当排放。⑤生态破坏:环境事故可能对附近的生态系统造成长期损害,影响动植物的生存和生态平衡,破坏生物多样性,影响地区生态安全和居民的生活质量。因此,采取有效的工业信息安全防护和风险管理措施,对于保障企业生产安全和保护生态环境具有十分重要的意义。

3) 设备和系统损坏

信息安全事件可能导致企业关键设备和系统遭受严重损坏。这类损坏不仅涉及物理设备的破坏,还可能包括关键数据丢失和系统功能长期受损。具体来说,信息安全事件导致设备和系统损坏的后果包括以下几个方面:①生产停滞:关键设备损坏和系统故障可能导致整个生产线的停滞,从而影响产品的生产和交付。②修复成本:修复受损设备和恢复受损系统可能需要大量的财务支出和人力资源投入,包括零部件更换、系统重建、数据恢复等。③长期运营影响:设备和系统损坏可能需要较长时间修复,这期间企业可能无法正常运转,影响长期的生产和服务能力。④客户信任损失:生产和服务的中断可能导致客户满意度下降,特别是当交付延迟和质量受损时,企业会因此失去宝贵的客户信任和忠诚度。因此,加强信息安全防护,保障关键设备和系统安全对于确保企业持续稳定运营具有基础性的支撑作用。

4) 信息泄露

信息泄露是信息安全事件中一种常见的后果,涉及敏感数据的未授权访问和披露。这包括个人身份信息、商业秘密、财务记录等重要数据。具体来说,信息安全事件导致信息泄露的后果包括以下方面。①商业损失:敏感商业信息,如研发数据、市场策略泄露可能会被竞争对手利用,导致企业失去市场竞争优势。②法律和合规风险:信息泄露可能违反数据保护法律法规,如欧盟通用数据保护条例(GDPR),导致企业面临法律诉讼和巨额罚款。③客户信任下降:

客户信息泄露会严重影响客户对企业的信任,尤其是在敏感数据(如财务信息、个人隐私)被泄露的情况下。④长期声誉损害:信息泄露事件可能影响企业品牌形象,使企业在市场上的良好声誉受损。因此,确保数据安全和防止信息泄露对于保护企业发展利益至关重要。

5)品牌声誉受损

信息安全事件对企业的品牌声誉可能产生严重的负面影响。一次重大的安全事件足以摧毁多年来积累的信誉和客户的信任。具体来说,信息安全事件导致品牌声誉受损的后果包括以下方面。①客户信任流失:信息安全事件暴露出的安全漏洞或数据泄露会使客户对企业的安全能力和可靠性产生怀疑。长期积累的客户信任可能快速流失。②市场竞争力下降:品牌声誉受损可能使企业在市场上吸引力降低,导致企业市场份额下降。③合作伙伴关系破裂:安全事件可能使现有和潜在的商业伙伴对继续维持或建立合作关系产生顾虑,导致重要的商业机会和合作关系的丧失。④股价波动:对于上市公司而言,品牌声誉的损害可能导致投资者信心下降,并反映在股价的波动上。因此,采取预防措施和建立强有力的危机应对机制,是保护企业品牌声誉的可靠方法。

6)法律和合规责任

信息安全事件可能导致企业面临严重的法律和合规责任。具体来说,信息安全事件导致法律和合规责任的后果体现在以下方面:①违反数据保护法律法规:违反数据保护法律法规会增加法律诉讼的风险,并损害企业的公共形象。②违反客户合同:企业未能有效保护客户数据,可能导致违反服务协议和隐私条款,引发合同纠纷。③侵犯知识产权:企业自身的知识产权,如专利、商业秘密被泄露或盗用,可能导致核心技术和市场优势的丧失,导致长期的商业损失和竞争力下降。④不符合行业标准:信息安全事件暴露出企业未能遵守行业安全标准和最佳实践,将影响到企业参与特定市场和行业的资格,并可能丧失商业机会。⑤面临监管处罚:监管机构可能对未能防止和及时响应安全事件的企业实施罚款或其他制裁措施。因此,保护工业信息安全要依法合规,加强运用法律手段,减少信息安全事件,避免承担法律和合规责任。

7)社会不安和恐慌

信息安全事件带来的影响具有牵连性,产生"蝴蝶效应",从社会发展和安全看,可能导致社会不安和恐慌。由此带来的后果至少包括以下方面。①公共信任下降：信息安全事件引发的社会不安可能导致公众对政府、企业乃至整个行业的信任度下降，从而引发信任危机。②消费行为改变：消费者出于对数据安全的担忧，可能不再购买和使用某些服务和产品，特别是涉及个人信息和隐私的服务和产品。这种消费行为改变会对相关行业造成负面的经济影响。③监管政策调整变化：为了回应公众对信息安全的担忧，政府可能会制定和实施更加严格的数据保护和信息安全政策法规。新的政策和监管要求可能加大企业的合规负担，增加运营成本。因此，政府机构和企业要采取积极措施来管理风险，保护公众信任，并维持社会秩序稳定。

1.3.3 案例研究：历史上工业信息安全典型事件

对工业信息安全进行案例分析，有助于加深对工业信息安全风险威胁和后果影响的理解。本节通过回顾历史上三个著名的案例，更加清晰呈现网络攻击的威胁特点和后果。

1）震网（Stuxnet）病毒事件

震网（Stuxnet）病毒事件是工业控制系统安全历史上的重大转折点。该事件发生于2010年，是一次针对伊朗核设施的复杂网络攻击，展示了网络武器对工业基础设施的巨大威胁。

震网病毒最初于2010年被发现，当时病毒正在破坏伊朗纳坦兹核设施的离心机。病毒通过移动存储设备和局域网传播，能够跨越"气隙"，感染没有直接连接到互联网的系统。一旦侵入目标系统，病毒就会改变离心机的转速，导致物理损坏，而且不会立即被发现。

震网病毒攻击具有三个特点：①目标特定，病毒经过专门设计用来破坏西门子公司的SCADA系统，这些系统广泛应用于控制工业过程；②技术高级，病毒利用了多个未公开的零日漏洞，其中包括Windows操作系统的漏洞；③操控隐蔽，病毒能在不被检测的情况下操控工业设备，在导致物理损害的同时避免触发安全警报。

震网事件造成的后果和影响主要有：①物理破坏，伊朗核设施中数百台离心机被破坏，严重干扰了铀浓缩过程；②国际影响，该事件引起全球对网络战争和信息安全的关注，各国更加重视保护关键基础设施；③安全策略变更，该事件促使世界各国加强对工业控制系统的安全防护，提升技术防范措施，加快制定出台相关政策。

2）乌克兰电网攻击事件

乌克兰电网攻击是 2015 年发生的一起针对电力基础设施的网络攻击事件，造成乌克兰西部地区大范围的电力中断。这次事件是历史上首次通过网络攻击导致电网故障的实例，展示了网络安全在能源基础设施保护中的重要性。

2015 年 12 月，攻击者首先通过钓鱼邮件感染电网系统管理员的计算机，然后利用获得的访问权限远程操控电网，并关闭了多个变电站，导致大范围的暂时性断电。这起事件具有三个特点：①从攻击方式看，攻击者通过钓鱼邮件入侵电力公司的网络，利用黑客工具获取对电网控制系统的访问权限；②从攻击目标看，主要针对电力控制和监测系统（SCADA）；③从破坏手段看，攻击者使用恶意软件对电网控制系统进行操控，导致断电。

此次事件造成的后果和影响有：①直接损失，大范围的断电使乌克兰约 22 万居民的生产和生活受到严重影响；②经济影响，此次攻击对乌克兰经济发展造成了直接的负面影响，同时增加了修复电网系统和推动安全维护升级的成本；③国际关注，该事件提高了国际社会对能源基础设施网络安全的重视，将之上升到国家安全的战略高度；④安全策略和技术更新，该事件促使许多国家和企业重新评估和加强电网等关键基础设施的网络安全工作。

3）富士康遭勒索软件攻击事件

富士康遭受勒索软件攻击也是一起引人注目的信息安全事件。该事件发生在 2020 年，涉及一种名为"DoppelPaymer"的勒索软件。该勒索软件通过加密受害企业的数据来要求企业支付赎金。该事件凸显了全球制造业巨头面临的网络安全挑战。

2020 年，攻击者成功渗透富士康墨西哥工厂的内部网络，并部署了 DoppelPaymer 勒索软件，导致工厂大量数据被加密，影响了公司的正常运营。本次事件体现出勒索软件的两个特点：①在攻击手法上，先加密企业的重要数据文件，然后要求企业支付赎金以换取解密钥匙；②在传播方式上，勒索软件通过钓鱼邮件、漏洞利用等攻击手段进行传播。

该事件造成的后果和影响包括：①企业运营中断，数据被加密导致富士康生产线的部分停摆，影响了其生产进程；②财务损失，富士康除了要支付赎金，还要面对因运营中断造成的直接经济损失；③声誉损害，富士康作为全球知名的制造企业,在此次攻击中企业形象受到一定程度的影响,并引起了其合作伙伴的担忧;④安全措施改进,此次事件迫使富士康加强网络安全防护措施,包括加强员工培训、实施系统升级和改善备份策略等。

参考文献

［1］ 刘跃进,白冬. 国家安全学论域中信息安全解析[J]. 情报杂志,2020,39(5):1-8.

［2］ 郭娴,郝志强. 工业数据安全:探索与实践[M]. 北京:电子工业出版社,2022.

［3］ 沈昌祥. 信息安全导论[M]. 北京:电子工业出版社,2009:6-7.

［4］ 绿盟科技. 工业控制系统及其安全性研究报告[R]. 北京:绿盟科技集团股份有限公司,2013.

［5］ 尹丽波. 深刻把握新时期工业信息安全的内涵、特点和重点[J]. 中国信息安全,2019(6):47-48.

［6］ 尹丽波,汪礼俊,张宇.“一带一路”工业文明:工业信息安全[M]. 北京:电子工业出版社,2018:10-11.

［7］ 于立业,薛向荣,张云贵,等. 工业控制系统信息安全解决方案[J]. 冶金自动化,2013(1):6-7.

［8］ 绿盟科技. 新安全 新发展——网络安全 2023[R]. 北京:绿盟科技集团股份有限公司,2023.

［9］ 奇安信威胁情报中心. 全球高级持续性威胁(APT)2023 年中报告[R]. 北京:奇安信科技集团股份有限公司,2023.

［10］ 360 高级威胁研究院. 2023 年全球高级持续性威胁研究报告[R]. 北京:360 数字安全集团,2024.

［11］ 安恒信息. 2023 年全球高级威胁态势研究报告[R]. 杭州:杭州安恒信息技术股份有限公司,2024.

［12］ 奇安信行业安全研究中心,奇安信安服团队. 2023 年中国企业勒索病毒攻击态势分析报告[R]. 北京:奇安信科技集团股份有限公司,2023.

［13］ 奇安信代码安全实验室. 2023 中国软件供应链安全分析报告[R]. 北京:奇安信科技集团股份有限公司,2023.

［14］ 中国工业互联网产业联盟. 2022 年中国工业互联网安全态势报告[R]. 北京:中国工业互联网产业联盟,2023.

［15］ 天融信阿尔法实验室. 2023 年网络空间安全漏洞态势分析研究报告[R]. 北京:天融信科技集团,2024.

［16］ 工信微报. 网络和数据安全保障体系建设创新推进 综合保障水平有效提升[EB/OL]. 2024-01-03. https://www.miit.gov.cn/xwdt/gxdt/sjdt/art/2024/art_f666fc46034b4c78bcad5236806e0a7d.html.

［17］ 赵岩. 2020—2021 工业信息安全发展报告[M]. 北京:电子工业出版社,2021:24-28.

［18］ 赵冉,张晓菲,董良遇. 我国工业企业信息安全现状及下一步工作建议[J]. 中国信息安全,2021(7):66-68.

［19］ 张格. 我国工业关键信息基础设施安全产业链供需角度分析与建议[J]. 中国信息安全,2022(9):39-41.

［20］ 澎湃新闻. 央视:2022 年国家网络安全宣传周,到 2027 年我国网络安全人员缺口达 327 万[EB/OL]. 2022-09-11. https://m.thepaper.cn/baijiahao_19866137.

［21］ 曹学勤. 工业信息安全人才队伍建设研究[J]. 网络安全和信息化,2024(2):12-13.

［22］ 罗毅. 网络安全评估研究[D]. 重庆:重庆大学,2007.

［23］ 吴世忠. 信息安全风险管理的动态与趋势[J]. 计算机安全,2007(4):1-7.

［24］ 周波. 信息安全风险评估技术的研究[D]. 南京:南京航空航天大学,2010.

［25］ 周婕,王丽. 信息系统安全评估技术研究[J]. 计算机与数字工程,2013(11):1804-1806.

［26］ Finne T. Information systems risk management: key concepts and business processes ［J］. Computers & Security, 2000,19(3):234 - 242.

［27］ Feng N, Wang H J, Li M. A security risk analysis model for information systems: causal relationships of risk factors and vulnerability propagation analysis ［J］. Information Sciences, 2014,256:57 - 73.

［28］ Saleh M S, Alfantookh Y A. A new comprehensive framework for enterprise information security risk management ［J］. Applied Computing and Informatics, 2011,9(2):107 - 118.

［29］ 杜鹏. 网络安全风险评估的基本方法分析［J］. 中国高新技术企业,2008(24):141 - 142.

［30］ 赵冬梅. 信息安全风险评估量化方法研究［D］. 西安:西安电子科技大学,2007.

［31］ 王伟,李春平. 信息系统风险评价方法的研究［J］. 计算机工程与设计,2007(14):3473 - 3475.

［32］ 司奇杰. 基于图论的网络安全风险评估方法的研究［D］. 青岛:青岛大学,2006.

［33］ 刘莹,顾卫东. 信息安全风险评估研究综述［J］. 青岛大学学报(工程技术版),2008(2):37 - 43.

［34］ 赵刚. 信息安全管理与风险评估［M］. 北京:清华大学出版社,2014:57 - 87.

［35］ 吴翔毅. 零日攻击的主动防范策略［J］. 泉州师范学院学报(自然科学),2009(27):7 - 10.

第 *2* 章　工业信息安全的事前预防

在工业信息安全中,事前预防措施是保护工业系统安全的关键步骤,也是保障智能制造安全的必要之举。事前预防措施包括了解潜在威胁、评估风险、设计安全架构、认证和访问控制、可移动介质多引擎杀毒、安全培训等多种类型。本章将深入探讨工业信息系统中的各种事前预防措施,通过实施事前预防,能够降低潜在威胁和风险,并确保系统稳定运行。

2.1　事前预防措施的重要性

开展事前预防,首先要了解工业信息安全的"敌人"是什么,做到"知己知彼"。工业网络,特别是与关键基础设施相关的网络,面临多种复杂的攻击类型[1]。常见的攻击类型主要有:

(1) 恶意软件攻击(malware attacks):恶意软件包括病毒、蠕虫、特洛伊木马等,目的是破坏数据和窃取信息。在工业网络中,恶意软件可能被专门设计并用来破坏工控系统。

(2) 勒索软件攻击(ransomware attacks):攻击者通过加密关键文件和系统来锁定企业的资源,然后要求受害者支付赎金以解锁密钥。这类攻击对于依赖实时数据和系统运行的工业环境尤其具有破坏性。

(3) 网络钓鱼攻击(phishing attacks):通过伪装成合法的电子邮件等通信方式,欺骗员工提供敏感信息,如登录凭据等,这些信息随后可被用于进一步实施攻击。

(4) 拒绝服务攻击(DoS/DDoS attacks):这类攻击旨在通过超载网络和系统资源使其不可用,在工业控制系统中,可能导致关键操作和监控功能的中断。

（5）SQL 注入攻击（SQL injection attacks）：攻击者通过向应用程序发送恶意的 SQL 命令来破坏和窃取数据库信息。对于依赖数据库管理的工业系统，这会导致严重的数据泄露和损坏。

（6）零日攻击（Zero-Day Exploits）：利用尚未公开的软件漏洞，在漏洞被发现并得到修补之前实施攻击。

（7）内部人员威胁（Insider Threats）：组织内部人员滥用其访问权限，对系统造成损害。这种威胁可能出于恶意目的，也可能由于疏忽过失。

（8）侧信道攻击（Side-Channel Attacks）：利用系统硬件和软件的间接信息（如计算时间、电力消耗等）来提取关键信息（如加密密钥）发动攻击。

（9）物理攻击：攻击者直接对物理设备如服务器、网络设备或工业控制系统硬件等进行破坏。

上述常见攻击类型反映了工业网络安全的复杂性，需要采取系统性的安全策略和措施加以防御。其中，事前预防措施旨在预防潜在的安全威胁和事件，从源头上减少风险和漏洞，其重要性体现在以下方面。

（1）降低风险。事前预防措施通过对系统和网络开展风险评估，识别潜在威胁和漏洞，并采取适当的措施降低风险，有助于防止未来的安全事件和攻击活动。

（2）保护资产。工业自动化环境中的资产比较昂贵且难以替代。通过事前预防措施，可以确保这些资产不被破坏、损坏和窃取。

（3）维护生产持续性。工业自动化系统的连续运行是生产的基本要求。采取事前预防措施有助于确保系统的可用性，防止生产中断和生产损失。

（4）满足合规性要求。企业受到法律法规、政策和标准等约束，需要采取特定的安全措施。加强事前预防的理念和做法体现在很多工业信息安全法规政策中。因此，采取事前预防措施有助于企业实现依法合规。

（5）降低维护成本。修复和恢复受感染的系统或处理安全事件往往需要付出高昂的成本。通过采取事前预防措施，可以减少企业维护和修复成本。

（6）维护网络和系统稳定性。事前预防措施有助于确保网络和系统的稳定性，防止出现系统崩溃和不稳定的情况。

（7）防止数据泄漏。通过采取事前预防措施，加强数据安全保障，有助于防止敏感数据泄漏，从而避免数据损失和隐私安全问题[2]。

因此，事前预防措施注重将风险防范做在工业自动化生产的前面，坚持防患于未然,以较少的安全投入获得较大的安全发展收益,成为保护工业信息安全的重要组成部分。

2.2 风险评估与威胁建模

在事前预防措施体系中,风险评估和威胁建模是两个重要的前置性措施。风险评估揭示系统面临的威胁,威胁建模帮助理解威胁的本质和行为。两者相辅相成,共同为工业信息安全提供全面保护。

2.2.1 风险评估

风险评估是指在风险事件发生之前,对事件造成的影响和损失的可能性进行量化评估的工作。其实质是识别和评估潜在风险,以确定哪些风险对组织最为重要。在工业信息安全领域,风险评估的目标是确定可能影响生产和资产的威胁,并量化这些威胁的潜在损害程度。

风险评估是一个系统性的过程,通常包括以下步骤。①风险识别:对资产识别潜在的风险,包括自然灾害、技术故障、人为错误和恶意攻击等。②风险分析:评估每个识别的风险的发生概率和影响,这有助于确定哪些风险更为紧迫。③风险评估:根据风险的概率和影响,为每个风险分配一个风险级别,通常使用风险矩阵或类似工具。④风险优先级排序:确定哪些风险需要优先处理,通常是具有高级别的风险需要优先处理。⑤风险控制:制定和实施控制措施,以降低风险或管理已识别的风险。

风险评估是工业信息安全的基础工作。在设计和维护工业控制系统时,了解潜在的威胁和漏洞非常重要。风险评估有助于确定哪些资产最为重要,哪些威胁最为严重,以及如何有效地分配安全资源[3],还有助于组织制定明智的决策,以降低系统受到攻击的概率和损害程度。

风险评估要借助各种工具来进行,包括风险矩阵、风险评分卡、模拟和建模工具等。这些工具有助于组织更好地量化风险,推动制定有效的应对策略。风险评估工具如表 2-1 所示。

表 2-1　风险评估工具示例

风险因素	描述	严重性 （1—5）	概率 （1—5）	风险等级 （严重性×概率）	建议措施
物理访问控制不足	缺乏适当的物理访问控制措施，未经授权的人员能够进入控制系统区域	4	3	12	安装监控摄像头，加强门禁系统
员工缺乏安全意识	员工没有受过足够的安全培训，可能不懂得如何识别和报告安全问题	5	4	20	实施定期的员工安全培训计划
弱密码策略	系统管理员和用户使用弱密码，容易受到密码破解攻击	3	4	12	实施强密码策略
硬件设备老化	部分硬件设备已经老化，存在发生故障的风险，可能导致生产中断	4	2	8	更新和维护硬件设备
缺乏漏洞管理	没有有效的漏洞管理流程，可能会错过安全补丁	4	3	12	实施漏洞管理流程
网络通信未加密	工业网络通信未加密，可能遭受中间人攻击	4	3	12	实施网络通信加密
恶意软件传播	员工未经验证的USB设备可导致恶意软件传播	3	3	9	实施设备安全策略
供应链漏洞	供应链中的供应商可能存在漏洞，导致恶意软件传播	5	2	10	审查供应商的安全实践

表 2-1 中，每个风险因素都具有严重性、概率和风险等级的评估，都有详细的描述和建议措施，帮助组织确定哪些风险需要紧急处理，以减少潜在的威

胁。当然,这只是一个示例,实际的风险评估工作更为复杂,涉及更多的风险因素和控制措施。

风险评估的应用范围涵盖了多个领域。

1) 设施和系统设计

(1) 网络架构设计:在设计工业网络架构时,风险评估可用于确定网络拓扑、子网划分和关键组件的安全设置,这有助于减少攻击表面和提高网络安全性。

(2) 设备选择与配置:通过风险评估,组织可以选择和配置设备,以降低潜在的漏洞和攻击威胁。这包括选择硬件、操作系统和应用程序,并通过配置使其符合最佳安全实践。

2) 安全政策和流程制定

(1) 访问控制策略:风险评估可用于定义可以访问系统、设备和数据的用户,以及能够执行的操作,这有助于确保只有经过授权的人员才可以执行特定任务。

(2) 密码策略:通过评估密码管理的风险,有助于制定强密码策略,包括密码复杂性要求、更改频率和存储安全等。

3) 安全培训

风险评估可用于员工培训,确定员工需要了解的威胁和风险。基于这些评估,可以制定和实施更有针对性的培训计划,教育员工如何识别潜在风险并采取适当的措施。

2.2.2 威胁建模

威胁建模是一种基于工程和风险的方法,用于识别和描述安全威胁,以深入了解可能的威胁和攻击路径。通过威胁建模,技术人员可以确定哪些漏洞可能被攻击者利用,以及攻击者可能采取的策略。这有助于设计更有针对性的安全措施,以应对潜在威胁。

威胁建模通常包括以下步骤。①威胁识别:识别可能对系统安全性构成威胁的潜在来源,如恶意软件、内部威胁、社交工程攻击、自然灾害等。②威胁特征描述:描述每个威胁的特征、行为和可能的攻击路径。③威胁分析:评估每个威胁对系统的潜在影响和损害程度。④威胁建模:借助工具和框架为每个威胁创建威胁模型,以便更好地理解威胁的工作原理和潜在威胁。常用的模型包括攻击树、威胁建模语言和数据流图等。

　　威胁建模的作用和价值体现在：①理解威胁，通过威胁建模，组织可以更好地理解潜在威胁的本质和工作原理；②设计安全措施，威胁建模有助于确定需要实施哪些安全措施来应对特定威胁；③检测和防御威胁，了解威胁的特征有助于建立有效的威胁检测和防御机制；④提升安全意识，威胁建模可以用于培训安全人员和增强员工应对潜在威胁的意识。

　　威胁建模的应用涵盖多个方面，帮助更好地理解潜在威胁和采取相应的措施。

　　1）安全措施设计

　　威胁建模可用于确定需要采取哪些安全措施来应对特定威胁。比如，如果威胁建模表明企业内部员工是潜在的内部威胁，那么组织可以实施严格的访问控制和监控措施，以防范内部威胁。

　　2）安全培训和意识提升

　　威胁建模还能应用于开展安全培训。通过描述潜在威胁的行为和攻击路径，使培训更具有针对性，帮助员工更好地理解威胁并学会如何识别和报告可疑活动。

　　这里，我们以一个工业产品设计的威胁建模为例，分析威胁建模中的安全措施设计是如何在实际应用中发挥作用的。

　　首先，通过数据流图了解场景（如图 2-1 所示）。应用程序生成数据流图

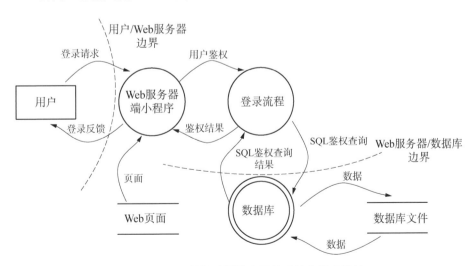

图 2-1　利用数据流图将产品的系统分解成部件

(DFD)，将系统分解成部件，包含如下元素。①数据流（箭头线段）：通过网络连接，命名管道、RPC 通道等移动的数据。②数据存储（双横线）：表示文件、数据库、注册表项以及类似项。③进程（圆形）：表示计算机运行的计算或程序。④交互方（方形）：表示系统的端点，例如人、Web 服务器和服务器。⑤信任边界（虚线）：表示可信元素与不可信元素之间的边界。

接着，分析威胁。在上图中每一类部件都有对应 STRIDE 模型的威胁。什么是 STRIDE 模型呢？全称为 Spoofing-Tampering-Repudiation-Information Disclosure-Denial of Service-Elevation of Privileges，即欺骗—篡改—抵赖—信息泄露—拒绝服务—权限提升。对应措施如表 2-2 所示。

表 2-2 威胁类型与对应的措施

威胁类型	对应的措施
Spoofing（欺骗）	做好鉴权
Tampering（篡改）	保证完整性
Repudiation（抵赖）	加强可追溯
Information Disclosure（信息泄露）	加密
Denial of Service（拒绝服务）	保证可用性
Elevation of Privileges（权限提升）	加强权限控制

对应到具体的组件或元素中，不同产品元素与 STRIDE 模型中的威胁类型关联关系如表 2-3 所示。

表 2-3 产品元素与 STRIDE 模型中威胁类型的关联关系

产品元素/组件	S（欺骗）	T（篡改）	R（抵赖）	I（信息泄露）	D（拒绝服务）	E（权限提升）
外部实体 例如图 2-1 中的"用户"	√		√			

（续表）

产品元素/组件	S(欺骗)	T(篡改)	R(抵赖)	I(信息泄露)	D(拒绝服务)	E(权限提升)
进程 例如图 2-1 中的 "登录流程"	√	√	√	√	√	√
数据存储 例如图 2-1 中的 "数据库文件"		√	√	√	√	
数据流 例如图 2-1 中的 "用户鉴权"			√	√	√	

　　然后,缓解威胁。在这一步输出威胁列表,对每个威胁项进行评估处理。因为威胁类型很多,需要根据优先级来合理投入。比较简单地直接使用年度预期损失[annualised loss exposure (or expectanc), ALE]来评价:危险＝发生概率×潜在的损失。也可以使用 DREAD 进行——D 是指 Damage potential(潜在损失),即如果缺陷被利用,损失有多大;R 是指 Reproducibility(重现性),即重复产生攻击的难度有多大;E 是指 Exploitability(可利用性),即发起攻击的难度有多大;A 是指 Affected users(受影响的用户),即有多少用户受到影响;D 是指 Discoverability(发现性),即缺陷是否容易被发现。所有项可进行"高—中—低"评价,来进行输出并用于决策。

　　最后,验证缓解措施。当满足安全方面的基线要求,就再次进行下一个迭代,包括产品安全基线水平的提高,再次分析改动后的数据流图,以及对改进后的产品组件或元素进行威胁建模分析等迭代。

2.3 工业网络架构设计

工业网络架构设计是保护工业信息安全的重要环节。本节将深入探讨如何设计和构建安全可靠的工业网络架构,以防范各种潜在威胁和风险。

2.3.1 网络纵深防御

网络纵深防御是一种网络安全策略,旨在多层次、多维度地保护工业网络免受威胁和攻击。这里将深入探讨网络纵深防御的各个方面,包括原理、设计方法、关键组件等。

1) 网络纵深防御的原理

网络纵深防御着眼于多层次的、多重的安全措施,旨在构建坚固的网络防线,抵御各种网络威胁[4]。其核心思想是,在网络安全领域,不能仅仅依赖单一的防御措施,而是应该建立多层次的安全防御机制,以应对不断演化的威胁。

网络纵深防御有多个防御组成要素。

(1) 多层次的防御措施:网络纵深防御强调通过将多层次的安全措施结合在一起来增强网络的安全性[5]。每个层次的防御措施都有自己的特定功能和用途,如外围防御、网络防御、主机防御、应用程序防御和数据安全等。

(2) 物理安全:物理安全是网络纵深防御的第一层,关注的是防止未经授权的物理访问或破坏,要求保护服务器、网络设备、数据中心和其他硬件设备免受物理威胁或损坏。物理安全措施包括访问控制、视频监控、生物识别技术、门禁系统和锁定设备等方法。

(3) 网络分区与边界防护:网络分区是将网络划分为不同的区域,以隔离流量和系统,便于控制访问和减少攻击的传播[5]。边界防护包括在网络的边缘部署防火墙、入侵检测系统(IDS)和入侵防御系统(IPS),以监测和过滤外部流量,确保只有经过验证的流量才能进入内部网络。

(4) 安全的单元间通信:安全的单元间通信涉及确保不同系统、应用程序和设备之间的通信是受保护的,防止敏感信息在传输过程中被窃取或篡改。这可以通过使用加密通信协议和安全通信通道来实现,确保数据在传输和存储时的机密性和完整性。

（5）系统加固与补丁管理：系统加固为了确保操作系统、应用程序和设备不容易受到攻击，会采取关闭不必要的服务、移除不必要的软件、配置安全设置、限制用户权限等措施。补丁管理是定期对操作系统和应用程序进行安全更新，以修复已知漏洞，降低系统遭受攻击的风险。

（6）入侵检测与防护：入侵检测与防护是用于检测和防止恶意活动的技术和工具。入侵检测系统（IDS）监视网络流量和系统事件，以检测异常模式和潜在攻击。入侵防御系统（IPS）则可以主动采取措施来阻止或应对这些威胁。

（7）访问控制与账号管理：访问控制涉及确定谁可以访问网络和系统的哪些资源，以及他们可以访问的权限。这包括采取身份验证和授权措施，如用户名和密码、多因素身份验证、访问策略和基于角色的访问控制。账号管理包括创建、修改、禁用和删除用户账户，并确保账户的访问权限仅限于需要的最小特权。

（8）日志与审计：日志记录是记录网络和系统活动的过程，包括用户登录、文件访问、系统事件等。审计是分析和监视这些日志，以检测异常行为、安全事件或潜在的安全问题。日志和审计信息对于了解网络安全事件、调查安全违规行为和遵守法律法规非常重要。

上述要素在网络纵深防御中发挥重要作用，共同构建了多层次的安全策略，以应对不断演变的网络威胁和风险。通过结合这些组件，组织可以提高网络和数据的整体安全性，降低遭受攻击的风险，保护关键资产和敏感信息。

综上所述，网络纵深防御思想示意图如图 2-2 所示。

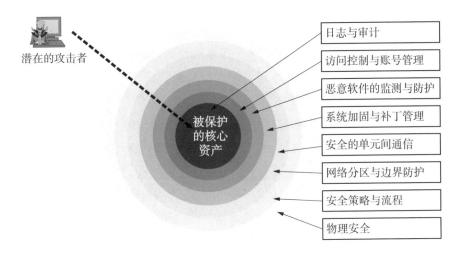

图 2-2　网络纵深防御思想示意图

网络纵深防御的核心思想是,即使攻击者能够绕过一层防御措施,他们仍然需要克服其他防御层次,从而增加了攻击难度。这提供了多重安全防线,帮助网络管理员及早发现和抵御潜在威胁。在实践中,网络纵深防御需要仔细策划、实施和维护,包括持续监控、漏洞修复、开展培训、提升意识等。网络纵深防御应该适应不断变化的网络威胁,并不断演进以满足新兴威胁的挑战。

2) 网络纵深防御的设计方法

网络纵深防御的设计方法是工业信息安全领域一个重要的概念,旨在构建坚固的网络防线,以应对不断演化的威胁。这一方法强调采用多层次的安全措施,旨在形成多层次的安全防御体系,以提高网络安全性。下面从设计原则和设计步骤两个方面,解释网络纵深防御的设计方法。

网络纵深防御的设计原则包括:①多层次的防御体系。采用多层次的安全措施,确保让攻击者即使绕过一层防御措施,仍然需要克服其他防御层次。这增加了攻击的难度,提高了网络的整体安全性。②完善的策略和计划。在设计网络纵深防御时,需要制定全面的安全策略和计划。这包括定义安全政策、识别关键资产和威胁、制定应急响应计划以及培训员工等。③持续监控和改进。网络纵深防御不是一次性的任务,而是一个持续不断的过程。网络管理员需要实施持续的监控,以检测潜在的威胁,并根据新兴威胁的演变进行改进和升级。

网络纵深防御的设计包括以下步骤。

(1) 风险评估和威胁建模。通过实施风险评估,确定组织的网络所面临的威胁和潜在风险;通过进行威胁建模,帮助理解不同威胁类型的工作原理和影响。

(2) 多层次的安全措施。根据风险评估的结果,选择合适的多层次安全措施,包括外围防御(如防火墙和入侵监测系统)、网络防御、主机防御、应用程序防御和数据安全措施等。

(3) 网络架构设计。设计网络架构以支持多层次的安全措施。这包括确定网络拓扑、子网划分、安全设备的部署以及访问控制策略。

(4) 认证和访问控制。在网络中实施认证和访问控制,如使用身份验证机制和权限控制,以确保只有授权用户和设备可以访问网络资源。

(5) 安全培训和意识提升。通过开展安全培训,增强员工的网络安全意识。员工是保护网络安全的重要群体,需要了解安全最佳实践和应对威胁的方法。

（6）监控和响应。实施持续的网络监控,以检测潜在的威胁。同时,建立应急响应计划,以快速响应并恢复网络功能。

（7）漏洞管理。定期审查和管理系统和应用程序中的安全漏洞,持续发现和解决漏洞,以减少攻击。

（8）性能优化。考虑安全措施对网络性能的影响,优化网络性能,以确保不会对生产运行造成过多的干扰。

网络纵深防御的设计方法是一项复杂的任务,需要综合考虑多个因素,如风险、网络拓扑、技术选择和预算等。这一方法是确保工业信息系统在不断演化的网络威胁面前保持安全的关键,因此,需要投入时间和资源来实施和维护网络纵深防御。

3）网络纵深防御的关键组件

网络纵深防御是一种多层次的安全策略,旨在构建坚固的网络安全体系,以应对不断演变的网络威胁。它采用多层次的安全措施,将网络分为不同的防御区域,以增加攻击者突破多层防线的难度。关键组件是网络纵深防御的基石,下面详细介绍这些关键组件。

（1）外围防御层。外围防御层是网络纵深防御的第一道防线,旨在阻止未经授权的访问和恶意流量进入网络。关键组件包括:①防火墙,负责监视和过滤进出网络的数据流量,可以根据源、目标和服务类型来允许和拒绝流量;②入侵检测系统(IDS),能检测网络流量中的异常模式,以发现潜在的攻击,可以警告管理员或自动触发响应;③入侵防御系统(IPS),是防火墙和 IDS 的增强版,能主动阻止攻击,而不仅仅是检测攻击。

（2）网络防御层。网络防御层位于外围防御之后,旨在保护内部网络免受内外威胁的影响。关键组件包括:①网络隔离,通过将网络划分为多个隔离的子网,可以降低攻击传播的风险。这种分隔也有助于控制访问和隔离故障。②安全路由器和交换机,这些设备可以执行访问控制列表(ACL)和虚拟局域网(VLAN)等策略,以确保流量在网络中按规则传输。

（3）主机防御层。主机防御层关注单个计算设备的安全,旨在保护主机不受恶意软件、病毒和攻击的影响。关键组件包括:①终端防病毒软件,这些应用程序能定期扫描文件和程序以检测威胁,防止恶意软件感染计算机。②主机防火墙,主机防火墙可以控制特定主机的入站和出站流量,提供额外的访问控制。③安全补丁和漏洞管理,定期应用操作系统和应用程序的安全更新是主机防御的关键部分。

（4）应用程序防御层。应用程序层的安全关注应用程序的安全性,包括 Web 应用程序和数据库。关键组件包括:①Web 应用程序防火墙（WAF）, WAF 可以检测和阻止 Web 应用程序攻击,如 SQL 注入和跨站脚本攻击。 ②数据库加密和访问控制,这可以保护敏感数据,限制对数据库的访问,确保数据存储和传输是安全的。

（5）数据安全措施。这一层关注数据的保护,包括数据分类、加密和访问控制。关键组件包括:①数据加密,数据在传输和存储时进行加密,以防止未经授权的访问。②数据备份和灾难恢复,定期备份数据,并制定灾难恢复计划以应对数据丢失或损坏。

总体而言,网络纵深防御的关键组件涵盖了从外围防御到应用程序和数据安全的多个层面,以构建一个强大的网络安全体系。这种多层次的方法有助于降低威胁对网络和数据的风险,提高网络的整体安全性。同时,为了保持有效性,这些组件需要定期更新、维护和监视,以适应不断变化的威胁环境。网络纵深防御的防护组件和防线如图 2-3 所示。

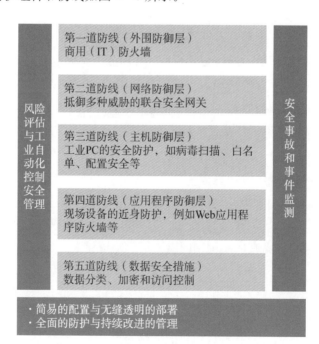

图 2-3　网络纵深防御的防护组件和防线

2.3.2　工业网络拓扑

拓扑结构是工业网络架构设计的基础。适当的拓扑设计可以降低攻击表面,减少潜在漏洞的数量。这里将重点介绍几种常见的工业网络拓扑。

1) 星型拓扑

星型拓扑是一种常见的工业网络架构,其设计类似于一颗星星,具有一个中心节点或集线器,以及多个外围节点或终端设备。这种拓扑结构通常用于工业控制系统和数据通信。星型拓扑如图 2-4 所示。

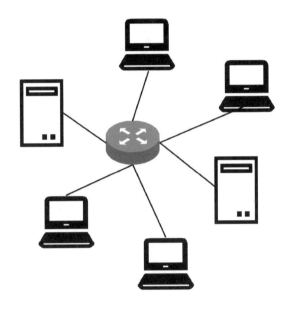

图 2-4　星型拓扑

星型拓扑具有以下特点。

(1) 具有一个中心节点。在星型拓扑中,中心节点通常是一个集线器或交换机,负责汇聚和分发数据流量。这个中心设备充当数据的中转站,允许不同的终端设备通过其进行通信。

(2) 外围终端设备多样化。外围终端设备是连接到中心节点的所有终端设备,这些终端设备可以是工业传感器、可编程逻辑控制器(PLC)、工业机器人、人机界面(HMI)等,它们是生产或监控系统的一部分。

(3) 进行点对点通信。在星型拓扑中,通信通常是点对点的,即每个外围设备与中心节点之间建立独立的连接,确保数据传输相对独立,不会干扰其他设备的通信[6]。

（4）易于管理和维护。星型拓扑的中心节点通常集中在一个位置,这样,网络管理员可以更轻松地监视和管理网络中的数据流量,检测故障和进行维护。

（5）安全性。由于每个终端设备与中心节点直接连接,星型拓扑提供了一定程度的安全性,因为数据流量不容易在网络上被窃取或篡改,这对于保护敏感的工业数据非常重要。

（6）可伸缩性。星型拓扑相对容易部署和扩展。如果需要添加新设备,只需将新设备连接到中心节点。但是,随着设备数量的增加,中心节点可能成为网络的瓶颈,因此在设计时需要考虑可伸缩性。

总之,星型拓扑将所有设备连接到一个中心集线器或交换机,设备之间不直接连接。这种拓扑易于管理和监控,但中心设备存在单点故障的可能性[6]。

2）环型拓扑

在工业网络中,环型拓扑是每个设备通过一个点对点连接与其他两个设备相连,形成一个封闭的环形结构[6]。这种拓扑结构在特定情况下用于构建工业通信网络。环型拓扑如图2-5所示。

图2-5 环型拓扑

环型拓扑具有以下特点:①点对点连接。每个设备通过点对点连接分别与邻近的两个设备相连接,一旦连接建立,数据可以沿着环形路径在设备之间传递。②高度冗余。环型拓扑具有高度冗余性,因为数据可以在环形路径上流动,即使其中一个连接发生故障,数据仍然可以绕着环形路径传送,而不会受到中断。③环路方向多样。环型拓扑可以是单向的,也可以是双向的。在单向环型拓扑中,数据流只能顺着环形路径传输,而在双向环型拓扑中,数据可以双向流动。④数据传输延迟。数据在环型拓扑中传输时会绕着环形路径,因此可能会导致一定的传输延迟,尤其是在大型环形网络中。⑤容错性较高。环型拓扑的容错性相对较高,因为网络中的单个连接故障不会导致网络中断。但是,如果存在多个连接故障,数据流可能会受到影响。⑥可伸缩性强。环型拓扑容易扩展,可以添加新设备或新连接以扩展网络规模。⑦不易管理和维护。与其他拓扑结构相比,管理环型拓扑可能会更具挑战性,因为数据流的路径可能变化,需要更多的管理和监控。

需要注意的是,环型拓扑用于需要具备高度冗余性的网络[6],而其他拓扑结构,如星型和总线型,通常更常见。选择适合特定工业网络需求的拓扑结构通常取决于网络规模、可靠性要求和资源约束。

总而言之,环型拓扑将设备连接成环状,每个设备都连接到两个邻近设备。环型拓扑具有冗余路径,可以提高网络可用性,但管理相对复杂。

3) 总线拓扑

总线拓扑是一种常见的拓扑结构,它以线性排列的方式连接多个设备,所有设备共享同一根通信线(总线)进行通信和数据传输。总线拓扑如图 2 - 6 所示。

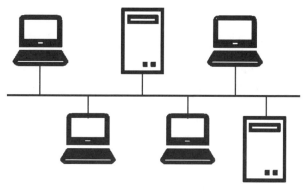

图 2 - 6　总线拓扑

总线拓扑具有以下特点：

（1）共享单一通信介质。总线拓扑中的所有设备都通过同一根物理通信介质（通信总线）连接在一起，这可以是电缆、光纤等。所有设备可同时访问总线上的信息。

（2）采用广播式通信方法。在总线拓扑中，一台设备发送的数据将被总线上的所有其他设备接收。这是一种广播式通信方法，实现一对多的通信。

（3）简单且成本低。总线拓扑设备少、造价低，安装和使用方便，适用于中小型规模的工业网络，例如实验室、小型制造车间和数据采集系统等。而在大型工业网络中，总线拓扑的性能和扩展性可能会受到限制，难以满足复杂网络的需求。

（4）设备互联。所有设备都通过总线连接，因此它们可以直接相互通信。这使得总线拓扑适用于需要协作和互连的应用场景，例如数据采集或控制系统。

（5）容错性。总线拓扑具有一定的容错性，如果总线上的某个设备发生故障，通常不会影响到其他设备。但是，如果总线本身发生故障，那么整个网络可能会中断。

（6）信号冲突和碰撞。在总线拓扑中，多个设备同时访问总线可能会导致冲突和碰撞，需要采用协议来管理和解决问题。例如，在以太网中，采用了CSMA/CD（载波监听多点接入/冲突检测）协议。

（7）扩展困难。扩展总线拓扑时可能会有困难，因为添加新设备需要更长的总线或更多的硬件设备。

总之，总线拓扑将所有设备连接到一根中央电缆，设备之间共享通信介质。总线拓扑简单经济，易于管理，但如果电缆发生故障，整个网络都将中断。因此，在设计网络时，要权衡利弊因素，并根据具体需求选择适当的拓扑结构。

2.3.3　子网划分与隔离

子网划分与隔离是工业网络设计中一种重要的安全策略[7]，将整个工业网络划分为多个逻辑或物理子网，每个子网都具有独立的标志和访问控制规则，有助于提高网络的可用性和安全性。

子网划分与隔离的重要性体现在四个方面。第一，有助于减少网络中的故障传播[7]。如果网络中的一个部分发生问题或受到攻击，隔离的子网可以防止问题传播到其他部分，从而减少生产中断的风险。第二，有助于故障隔离。当发生故障时，子网划分可以有效帮助快速识别并定位问题发生的区域，从而有助于网络管理员更快地采取行动,恢复网络正常运行。第三,有助于增强访问控制。通过将网络划分为子网,可以轻松实施访问控制策略。每个子网可以有自己的防火墙和访问规则,限制哪些设备或用户可以访问该子网中的资源。这增加了网络的安全性,降低了未经授权的访问风险。第四,有利于提升性能和资源管理。工业网络包括多个设备和应用程序,有些对性能和带宽要求较高,而其他则不需要。通过将它们划分到不同的子网中,可以更好地分配资源和满足性能需求。

在工业网络中,子网划分与隔离的具体措施是将工业网络划分为防火墙、隔离区(DMZ)、生产网络、VLAN 虚拟专网等。①防火墙。防火墙用于控制数据包的流量,实施访问控制策略,防止未经授权的访问和攻击。②隔离区(DMZ)。隔离区是一个位于内部网络和外部网络之间的子网,用于承载公共服务,如 Web 服务器或邮件服务器。通过隔离区,内部网络可以避免直接暴露在外部网络中,提高了安全性。③生产网络。生产网络包括工业控制系统和设备,通常是工业网络中最关键的部分。它被细分为不同的子网,如控制网络、监视网络和安全网络,以确保适当的访问控制和隔离。④虚拟专网(VLAN)。VLAN 用于加密数据通信,确保数据在传输过程中的保密性和完整性。

子网划分与隔离示意图如图 2-7 所示。为了提高网络的安全性,工业网络通常分为多个子网,每个子网具有不同的安全级别和访问控制策略。这有助于隔离潜在的风险和威胁,限制攻击的传播范围。

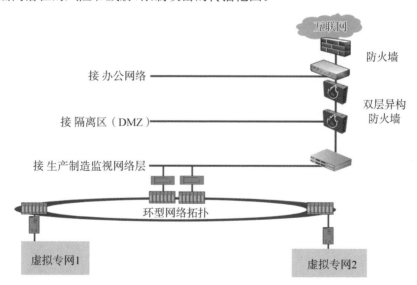

图 2-7 子网划分与隔离示意图

2.4　认证和访问控制

认证和访问控制是工业信息安全的关键策略,用于确保只有授权人员能够访问系统和资源。本节将深入探讨认证和访问控制的原理、方法和最佳实践,以确保工业信息系统的安全性。

2.4.1　认证

在工业信息安全领域,认证(authentication)是一项至关重要的措施,用于验证用户、设备或实体的身份,以确保只有经过授权的人员或系统能够访问和操作工业网络和控制系统[8]。认证是确认用户或设备身份的过程,通常涉及以下方法:

1) 用户名和密码认证

用户名和密码是最常见的认证方法之一。用户提供其用户名和相应的密码来验证其身份。使用强密码和定期更改密码是确保安全的关键。具体而言,用户名和密码认证包括下列几种策略:①双因素/多因素认证(MFA)。多因素认证要求用户提供多个身份验证因素,通常包括密码、智能卡、生物识别信息等,提高了身份验证的安全性,即使密码泄露,攻击者仍需要其他因素才能成功认证。②强密码策略。强密码策略要求用户创建复杂的密码,包括大小写字母、数字和特殊字符,降低了密码被破解的风险。③单一登录(SSO)。单一登录允许用户一次登录后访问多个系统,而无需多次输入凭证,提高了用户体验,同时减少了密码泄露的机会。④身份验证审计。审计用户的身份验证尝试,以及在系统中的活动,以便及时检测异常和未经授权的访问。

2) 证书认证

在工业信息安全中,证书认证(certificate authentication)是一种高度安全的身份验证方法,它通过使用数字证书来验证用户或设备的身份[8]。这种认证方式依赖于公钥基础设施(PKI)来实现。

证书认证的核心要素有:①数字证书。这是一种包含用户或设备公钥、身份信息和签名的电子文档。这些证书由可信的证书颁发机构(certificate authority，CA)签发，并用于验证用户或设备的身份。数字证书通常包含公钥、持有者的身份信息、CA 的数字签名等信息。②公钥基础设施(PKI)。PKI 是支持证书认证的基础架构。它包括 CA、注册机构、证书吊销列表(CRL)等组件。CA 负责签发和管理数字证书，注册机构协助用户获取证书，而 CRL 用于撤销已失效的证书。③证书请求。要获取数字证书，用户或设备首先必须生成一个证书请求(certificate signing request，CSR)。CSR 包含用户的公钥以及相关身份信息，并提交给 CA 以签发数字证书[9]。④证书验证。CA 在签发数字证书之前会验证证书请求的真实性。这包括验证请求者的身份，确保请求者拥有私钥，以及执行其他安全性检查。⑤证书绑定。数字证书将公钥与请求者的身份信息绑定在一起。这确保了只有具有有效证书的用户或设备才可以进行成功的证书认证。

总的来说，证书认证是工业信息安全领域中一种高度可信、高度安全的身份验证方法。它在工业控制系统和网络中得到广泛应用，以确保只有经过身份验证的用户或设备可以访问和操作系统。这对于保护关键工业资产和数据至关重要。

2.4.2　访问控制

访问控制是确保用户或设备只能访问其授权资源的技术。访问控制可以采用以下原则和方法。①坚持最小权限原则[10]，要求为用户分配最小必要的权限，以完成其工作，这降低了潜在的滥用权限的风险。②实施角色基础的访问控制(RBAC)，根据用户的角色和职责定义访问控制策略，这简化了权限管理，同时提高了访问控制的可伸缩性。③访问控制列表(ACL)。访问控制列表(access control list，ACL)是工业信息安全中用于控制对资源或系统访问的一种关键机制。ACL 通常由网络设备、操作系统或应用程序使用，以根据用户、设备或其他实体的身份或属性来规定哪些资源可以被访问，哪些资源禁止访问。

要实现访问控制列表的措施，可以通过角色和权限管理(角色和权限管理确定用户或设备能够执行的操作。不同的角色具有不同的权限级别，确保最小权限原则)、访问策略(访问策略定义了谁可以访问什么资源以及在什么条件下可以访问。它通常包括白名单和黑名单，以控制访问)等具体措施来实现[11]。

总而言之,访问控制列表是工业信息安全中的一项重要工具,可以帮助组织限制访问并减少潜在的风险。它有助于确保只有经过授权的用户或设备才能访问关键资源,从而增强工业网络和系统的安全性。

2.5 可移动介质多引擎杀毒

在工业信息安全中,可移动介质如 U 盘、移动硬盘等,经常成为安全威胁的载体。因此,采取有效的事前预防措施来减少这类风险十分必要。可移动介质由于其便携性和广泛地使用,容易成为恶意软件传播的途径。一旦被感染,恶意软件可以迅速传播到连接这些设备的任何计算机或网络系统。

多引擎杀毒技术结合了多个杀毒软件引擎,提高了检测率和准确性。不同引擎具有不同的检测算法和特征库,使得这种方法能更全面地识别各种类型的恶意软件。

多引擎杀毒的实施步骤如下:①选择合适的多引擎杀毒解决方案。评估不同供应商的产品,选择覆盖率高、更新速度快、对系统影响小的解决方案。②配置和部署。在关键入口点部署多引擎杀毒软件,如企业的数据中心、办公网络和生产控制系统。③定期更新和维护。确保所有杀毒引擎和病毒特征库保持最新状态,以对抗新出现的威胁[12]。

通过采用多引擎杀毒技术,企业可以显著提高其对可移动介质携带的恶意软件的防御能力。这不仅有助于保护关键的工业控制系统和数据,还能提高整个组织对网络威胁的应对能力。

2.6 安全培训和意识提升

安全培训和意识提升在工业信息安全中具有不可忽视的作用。即使拥有先进的技术和强大的安全控制措施,但如果员工缺乏必要的安全意识,那么整个工业系统仍然容易受到威胁。本节将探讨如何设计和实施有效的安全培训计划,以及提升员工的安全意识。

2.6.1　安全培训的重点

安全培训是确保工业系统安全的基础性工作。工业环境中的员工需要了解潜在威胁、最佳实践和公司政策，以便更好地保护系统。以下是安全培训的几个重点方向。

1）意识培训

意识培训是一种教育和培训活动，旨在通过教育员工使他们了解信息安全的基本原则（包括密码安全、社交工程攻击、恶意软件等）、最佳实践、风险威胁等。这种培训旨在提高员工的警觉性，使他们能够识别潜在的信息安全问题并采取适当的措施来防范这些问题。

意识培训对于工业信息安全至关重要，因为人为因素是信息安全风险的一个重要来源。员工如果不了解威胁和风险，可能会犯下安全错误，不慎泄露敏感信息或受到社会工程等攻击。通过提供意识培训，可以减少人为因素引发的安全漏洞。

意识培训的内容通常包括有关各种安全威胁（如社会工程、恶意软件、钓鱼攻击等）的信息，以及如何防范这些威胁的基本方法。培训还可以涵盖有关密码安全、数据保护、设备安全和网络安全的信息。培训的目标是使员工了解潜在威胁，知道如何识别它们，并知道如何采取措施来减轻风险。

2）技能培训

技能培训是一种教育和培训活动，旨在向员工传授特定的技能、技术和知识，以便他们能够有效地执行与信息安全有关的任务和职责。这种培训着重于培养实际的工作技能，使员工能够应对各种信息安全挑战。

技能培训的内容包括如何配置和维护安全设备（如防火墙和入侵检测系统）；如何进行安全漏洞扫描和渗透测试；如何应对安全事件和恶意软件感染；如何执行身份验证和访问控制；以及如何进行数据加密等。培训目标是使员工具备实际技能，以应对各种信息安全挑战，保护工业组织（以下简称组织）的信息和系统。

总之，技能培训是确保员工具备实际技能和知识，以有效应对信息安全挑战的关键因素。通过培养员工的技能，可以提高信息安全水平，减轻风险，确保组织的信息和系统得到充分的保护。

3）政策和合规性培训

在政策合规培训中，员工需要了解与工业信息安全相关的法律法规和标准，如数据保护法、网络安全法、国家标准、行业标准等；需要了解组织的信息安全政策，包括数据访问控制、密码策略、网络使用规则、设备安全等内容，理解政策的目的、范围和适用情况；需要了解在日常工作中如何确保政策合规性；还需要了解不遵守政策可能产生的不良后果。因此，这类培训要让员工知其然，更知其所以然，告知其行动路径，并强调员工的权利、义务和责任。

政策合规性培训有助于让员工了解并遵守组织的信息安全政策，遵守相关法律法规和行业标准，为员工划清行为边界。这将有利于减少信息安全风险，防止员工违规行为，并保护组织的声誉。

2.6.2 安全培训计划

一个完善的信息安全培训计划应包括培训内容、培训方法、培训类型等核心要素。

1）培训内容

培训内容应涵盖各种安全主题，包括但不限于：

（1）基本安全概念。这一部分培训将介绍信息安全的基本原则，例如机密性、完整性和可用性（CIA 三要素）。员工将了解这些原则的含义以及其对组织的重要性。培训还包括有关风险、威胁和漏洞的基本认知，以帮助员工更好地理解信息安全的核心概念。

（2）网络安全原则。在这一部分培训中，员工将学习关于网络安全的基本原则，包括访问控制、身份验证、防火墙和入侵检测系统。他们将了解如何保护网络免受未经授权的访问和网络攻击。培训还应强调网络安全的重要性，特别是在工业环境中。

（3）恶意软件防范。这一培训内容将涵盖各种恶意软件类型，如病毒、间谍软件、勒索软件等。员工将学习如何识别和防止恶意软件的传播，以及如何处理感染情况。此外，培训还包括有关安全软件工具和实践的信息，以加强对恶意软件的防范。

（4）物理安全。在这一部分培训中，员工将了解如何保护实际设备和资源，例如服务器、工业控制系统和其他物理设施，其中可能包括访问控制、锁定和监控设备的实施等,以减少潜在的物理风险。

(5)安全政策和程序。这部分培训将介绍组织的安全政策和程序,员工需要明白如何遵守这些政策,以及政策背后的原因。员工将了解如何报告安全事件、问题和违规行为,以及如何与安全团队合作。此外,他们还将了解关于设备使用、密码管理和网络访问的具体政策。

2)培训方法

培训方法可以多样化,包括以下方式:

(1)课堂培训。这是面对面的培训方式,员工会参加教室中的课程。这种培训方法通常由专业讲师或培训师提供,可以回答员工的问题,提供实时反馈,并帮助员工更好地理解课程内容。这种互动性质的培训有助于建立学员之间的互动和协作,以及提供更具体的示例和实际案例。课堂培训还可以根据学员的反馈进行调整,以满足学员实际和个性化需求。

(2)在线培训。这是通过网络提供的培训,员工可以根据自己的时间表和地点进行学习。这种培训通常以各种多媒体形式呈现,包括文本、图像、视频和互动式模块。在线培训的好处包括可扩展性,员工可以根据自己的节奏学习,以及在全球范围内提供培训。但是,可能缺乏面对面培训的互动性,因此,对学员的自律性要求比较高。

(3)模拟演练。这是一种实际模拟安全事件或紧急情况的培训方法。员工将参与仿真的情景,以模拟实际安全事件,如网络攻击或数据泄露。这种培训方法有助于员工实际应对安全威胁,了解如何采取适当的措施来解决问题。模拟演练还可以评估员工的反应和应对能力,并帮助改进应急计划和程序。

(4)制度化地学习。这通常涉及一系列结构化的课程和培训模块,员工必须按照特定的计划完成它们。这种方法通常用于确保员工逐步建立信息安全知识和技能,每个模块都是前一个模块的基础。制度化的学习有助于组织建立一致性的培训标准,以确保员工都获得相似的信息安全教育。

3)培训类型

培训应该定期、持续性进行,以确保员工的知识和技能保持最新状态。培训频率,因实际情况、个人的资历以及岗位需要而有所区别。

具体而言,根据培训频率,可以将培训分为六种类型:

(1)初始培训。所有新员工应在加入组织时接受初始的安全培训。这些培训通常包括基本的安全原则和政策，以及组织特定的信息安全要求。初始培训应在员工开始工作之前完成，以确保他们了解安全最佳实践。

（2）定期培训。随着安全威胁和最佳实践不断演变，员工需要参加定期培训，以更新知识。每年至少要提供一次全员安全培训，以确保员工了解最新的威胁和安全策略。

（3）持续培训。组织应为员工提供持续的培训机会。这可以包括定期的安全提醒、警示和提示，以及随着威胁演变而发布的更新。持续培训可以促使员工对信息安全保持动态关注。

（4）特定领域培训。针对特定岗位或角色的培训也是必要的。不同部门和岗位有不同的信息安全需求。例如，IT人员需要更深入的技术培训，而非技术人员需要更多的社会工程和用户行为培训。

（5）应急培训。应急培训是为了确保员工了解如何应对安全事件或紧急情况。这包括演练应急计划和程序，以及模拟安全事件等培训。应急培训通常需要进行定期的演练和测试。

（6）个性化培训。部分员工需要个性化的培训，特别是那些与组织的敏感数据和重要系统有直接接触的员工。这种培训根据员工的角色和职责进行定制，以确保他们了解如何处理敏感信息。

2.6.3　意识提升

员工信息安全的意识提升是指通过培训和教育帮助员工更好地理解和认识信息安全的重要性，以及如何在工作中有效地实施信息安全措施。这一过程旨在激发员工的信息安全意识，使其能够主动识别和应对潜在的安全威胁，从而降低组织受到的信息安全风险。

意识提升是通过定期提醒员工信息安全原则和最佳实践的重要方式，可以通过以下方法来实现。

（1）定期提醒。这是一种持续的教育方法，旨在提醒员工信息安全的关键原则和最佳实践。这可以通过定期发送信息安全通知、电子邮件或内部通信来实现。提醒内容可以包括密码管理、网络安全要点、电子邮件安全等，以确保员工保持对信息安全的警惕。

（2）仿真攻击。这是一种模拟真实威胁的方法，以帮助员工识别和应对潜在的风险。这包括模拟网络钓鱼攻击、恶意软件传播、社交工程攻击等。通过实施仿真攻击,员工可以在受到真正威胁之前练习应对策略,增强其信息安全意识。

（3）案例分享。这是通过分享真实的信息安全事件和经验来帮助员工了解威胁的严重性。这些案例可以包括组织内部或外部发生的信息安全事件,以及如何发现、应对和解决这些事件。通过参与分享案例,员工能更好地理解潜在的风险和后果。

（4）奖励和认可。这是一种激励员工积极参与信息安全实践的方法。企业可以设立奖励计划,如奖金、奖品、员工表彰等,鼓励员工按照最佳安全实践行事。通过奖励和认可,员工将更有动力参与信息安全培训和遵守安全政策。

2.6.4　安全文化

安全文化,是指组织内部的价值观、态度和实践,强调将信息安全作为组织运营的核心元素。这种文化鼓励员工积极参与并遵守信息安全政策和最佳实践,以确保组织的信息和资产得到有效的保护。

建立安全文化是确保工业信息系统安全的基础性工程。这需要高层管理支持和员工的积极参与。安全文化包括以下要素:

（1）高层管理支持。高层管理支持是安全文化建立的关键。领导层需要积极参与并示范信息安全的价值和重要性。他们应推动制定明确的安全政策,提供资源支持,鼓励员工遵守最佳实践,并确立信息安全的目标。

（2）反馈机制。安全文化鼓励员工提供反馈,报告潜在的安全问题,建议改进措施。这可以通过匿名的渠道或履行反馈程序来实现,让员工自由表达担忧或发现的问题。组织应该及时回应这些反馈,并采取适当的行动解决问题。

（3）奖励制度。为了激励员工积极参与信息安全,组织可以建立奖励制度。奖励包括奖金、表彰、晋升机会或其他奖励措施,以鼓励和支持员工报告潜在威胁、参与培训和遵守安全政策等。

2.7　案例研究——ABC 公司的预防性安全策略

ABC 公司[①]是一家领先的汽车零部件制造商,近年来积极投身于智能制造

---

① ABC 公司是一个虚拟的公司名称。

领域。随着智能制造技术的引入,ABC 公司遇到越来越多的网络安全威胁。本案例旨在探讨如何通过一系列事前预防措施,有效增强工业信息安全,可作为工业企业实施事前安全措施的参考。

随着数字化转型深入推进,ABC 公司的生产线开始普遍采用物联网(IoT)设备和云计算技术。这些新技术的引入在提高生产效率的同时,也使公司更容易受到网络攻击。ABC 公司面临的网络安全主要挑战包括:物联网设备的安全漏洞,工业控制系统(ICS)的网络攻击风险,以及敏感数据的泄露可能性。

为了解决这些挑战,ABC 公司采取了以下事前安全措施:①全面安全评估:聘请第三方安全公司对现有的网络架构进行全面审查,包括对设备、软件和网络的脆弱性分析。②员工培训和意识提高:组织定期的网络安全培训和演练,增强员工对潜在网络威胁的认识和应对能力。③物联网设备的加固:对所有 IoT 设备进行固件升级,并在设备上安装专业的安全软件,以防止潜在的安全威胁。④访问控制和身份验证:实施严格的访问控制政策,确保只有授权人员能访问敏感系统和数据。⑤数据备份和恢复计划:制定数据备份策略,并确保在数据丢失或系统故障的情况下能够迅速恢复。⑥实时监控与响应计划:把使用先进的监控系统来实时追踪网络活动作为计划,确保能够及时发现和响应安全事件。

经过采取这些措施,ABC 公司显著提高了整体网络安全水平。事前预防措施减少了网络攻击的频率,降低了潜在的业务中断风险。而且,公司员工对于网络安全的认识和应对能力也有了明显提升。ABC 公司的案例表明,综合性的事前预防措施是确保工业信息安全的关键举措。通过评估、培训、技术加固和持续监控,可以有效地预防和减轻网络安全威胁。

参考文献

[1] 宋述贵.大型国有企业信息系统建设过程中的风险控制研究[D].北京:华北电力大学,2017.
[2] 李雪莹,张锐卿,杨波,等.数据安全治理实践[J].信息安全研究,2022,8(11):1069-1078.
[3] 贾承安.网络安全风险评估关键技术研究[J].网络安全技术与应用,2018,18(10):12-13.
[4] 刘佳杰,伍宇波,张煜,等.威胁建模在安全态势感知中的应用研究[J].中国金融电脑,2018(11):81-85.
[5] 栗强,郭利,钟翻宇.网络通信中的数据信息安全保障技术[J].信息通信,2020(6):194-195.
[6] 李明.计算机网络技术在电子信息工程中的运用分析[J].电子世界,2021(19):15-16.
[7] 董建军,谭尊兵.工业以太网技术的应用和案例[J].科技视界,2016(18):219-220.
[8] 刘贵强.网络通信中的数据信息安全保障技术分析[J].现代传输,2022(5):49-52.

［9 ］Hernandez F I, Dueas O L. Probabilistic study of cascading failures in complex interdependent lifeline systems［J］. Reliability Engineering & System Safety, 2013(111):260‑272.

［10］Krger W. Critical infrastructures at risk: A need for a new conceptual approach and extended analytical tools［J］. Reliability Engineering & System Safety, 2008,93(12):1781‑1787.

［11］宫月月,郭建勤,张胜平.网络通信中的数据信息安全保障技术研究［J］.无线互联科技,2021,18 (16):3‑4.

［12］王兵维,余粟.基于生产线的工业通信网络方案设计与分析［J］.产业与科技论坛,2017,16(3): 66‑68.

第 *3* 章 工业信息安全的事中监测

上一章讨论了工业信息安全的事前预防措施,有助于组织预防潜在威胁和攻击。然而,即使采取了最严格的预防措施,安全事件仍然可能发生。这就需要加强工业安全事中监测。本章将深入探讨如何在安全事件发生时采取适当的措施,尽量减轻损害并快速恢复正常运营。

3.1 事中监测措施的重要性

事中监测措施是指在安全事件发生时采取的行动,以减少潜在的影响,这可以通过入侵检测系统(IDS)、入侵防御系统(IPS)和安全信息与事件管理(SIEM)等工具来实现。工业信息安全的事中监测措施可以细分为以下方面:①事件监控,通过监视工业系统、网络和设备的活动,收集和分析有关安全事件的信息,包括登录尝试、网络流量、异常行为等。②威胁情报使用,利用外部威胁情报源,获取有关已知威胁行为、漏洞和攻击技术的信息,以帮助识别潜在风险。③异常检测,使用安全信息和事件管理系统(SIEM)、入侵监测系统(IDS/IPS)等工具来检测不寻常和可疑的活动,这些活动表明安全事件可能性。④行为分析,分析用户和设备的行为,以确定是否存在异常模式,例如未经授权的数据访问或系统配置更改。

工业信息安全的事中监测措施有助于检测、响应和减轻已经发生或正在发生的安全威胁和事件的影响,所以在工业自动化环境中非常重要。其重要性主要体现在以下方面。

(1)威胁检测和阻止:事中监测措施允许组织快速检测到安全威胁、入侵尝试和异常活动。通过实时监测网络和系统,可以识别潜在的攻击,从而采取适当的措施来阻止它们。

（2）减轻损害：一旦发生安全事件，及早地检测和响应可以帮助组织采取紧急措施以减轻损害。这可能包括隔离受感染的系统、停止攻击扩散和快速修复受损部分。

（3）保护生产连续性：在工业环境中，生产连续性和稳定性是首要目标。事中监测措施可以帮助确保关键生产系统不会中断，从而避免生产中断和生产损失。

（4）保护设备和资产：工业设备等资产通常是昂贵且难以替代的。通过及时的威胁监测和响应，可以防止设备受到破坏或滥用，从而保护资产价值。

（5）符合法律法规和合规性要求：工业行业受到法律法规和合规性要求约束，要求采取适当的安全措施来保护信息和系统。事中监测措施帮助组织达到这些法律法规要求。

（6）提高网络和系统可视性：事中监测措施通过提供实时信息和警报，提高了网络和系统的可视性。这有助于组织更好地了解其网络状况和潜在威胁。

（7）防止数据泄漏：事中监测措施可以帮助组织阻止敏感数据泄漏，从而避免数据损失和隐私问题。

（8）快速响应威胁：在工业自动化环境中，风险威胁瞬息万变，因此需要快速响应。事中监测措施帮助组织及时采取措施，以应对不断变化的威胁。

简言之，工业信息安全的事中监测措施有助于加强工业网络和系统的安全性，减轻潜在威胁的影响，保护关键设备和资产，确保生产连续性，以及符合法律法规和合规性要求，因而成为维护工业信息安全必不可少的手段。

3.2　渗透测试与漏洞扫描

有人把渗透测试与漏洞扫描作为信息安全的事前预防措施，理由很简单，因为系统上线运行前就要进行渗透测试和漏洞扫描。但本书把渗透测试与漏洞扫描归类为工业信息安全的事中监测措施，是因为渗透测试与漏洞扫描是一个持续的过程，也就是系统在做了升级、更新、维护等事项，或者有新的病毒或漏洞被公开的时候，渗透测试和漏洞扫描的过程要持续进行。考虑到即使系统上线运行的过程中，也会频繁地用到渗透测试与漏洞扫描，所以，我们把这两者归类在工业信息安全的事中监测措施中。

渗透测试与漏洞扫描，旨在识别和修复系统中的安全漏洞，以减少潜在的威胁和风险。本节将深入探讨这两个关键措施，阐述其在工业环境中的重要性、实施步骤和应用。

3.2.1　渗透测试的概念

渗透测试，又称为漏洞评估或伦理黑客测试，是一种授权的安全测试方法，旨在模拟攻击者的行为，以评估系统、应用程序或网络的安全性[1]。其主要目的是提前发现系统中可能被恶意攻击者利用的漏洞，从而提前进行修复和加固。渗透测试可以分为三种类型：①黑盒测试，渗透测试团队没有关于目标系统内部的详细信息，模拟外部攻击者。②白盒测试，渗透测试团队具有关于目标系统的详细信息，模拟内部攻击者。③灰盒测试，渗透测试团队部分了解目标系统的信息，模拟半内部攻击者。

渗透测试不仅可以揭示潜在的安全漏洞，帮助发现可能被忽视的安全漏洞，还可以提供实际的风险评估，帮助制定更有效的安全策略和应对措施。对于需要遵守特定法规和安全标准的企业而言，渗透测试是检验合规性的重要手段。

3.2.2　渗透测试的步骤

渗透测试一般按照如下步骤进行：明确目标、信息收集、漏洞分析、漏洞利用，以及整理信息和测试报告[2]。通过理解这些步骤的内容，不仅能够更好地执行这些测试，而且能够从根本上提高其网络和系统的安全性能。

（1）明确目标：当测试人员拿到需要做渗透测试的项目时，首先确定测试需求，如测试是针对业务逻辑漏洞，还是针对人员管理权限漏洞等；然后确定客户要求渗透测试的范围，如 IP 段、域名、整站渗透或者部分模块渗透等；最后确定渗透测试规则，如能够渗透到什么程度，是确定漏洞为止还是继续利用漏洞进行更进一步的测试，是否允许破坏数据，是否能够提升权限等。在这一阶段，测试人员主要是对测试项目有一个整体明确的了解，方便测试计划的制订。

（2）信息收集：渗透测试开始时，渗透测试团队会收集关于目标系统的信息，包括系统架构、网络拓扑、应用程序和服务。例如，对于一个 Web 应用程序，要收集脚本类型、服务器类型、数据库类型以及项目所用到的框架、开源软件等。信息收集对于渗透测试来说非常重要，只有掌握目标程序足够多的信息，才能更好地进行漏洞检测。

信息收集的方式可分为两种。第一种是主动收集。通过直接访问、扫描网站等方式收集想要的信息，这种方式可以收集的信息比较多，但是访问者的操作行为会被目标主机记录；第二种是被动收集。利用第三方服务对目标进行了解，如上网搜索相关信息。这种方式获取的信息相对较少且不够直接，但目标主机不会发现测试人员的行为。

（3）漏洞分析：在信息收集之后，团队会分析系统中可能存在的漏洞，包括已知漏洞和潜在的未公开漏洞。

（4）漏洞利用：渗透测试团队会尝试利用发现的漏洞，模拟攻击者的行为，以确定漏洞的实际风险。渗透攻击就是一种漏洞利用，对目标程序发起真正的攻击，达到测试目的，如获取用户账号密码、截取目标程序传输的数据、控制目标主机等。一般而言，渗透测试是一次性测试，攻击完成之后要执行清理工作，删除系统日志、程序日志等，擦除进入系统的痕迹[3]。

（5）整理信息和测试报告：渗透测试团队会记录测试过程中发现的所有信息和操作，以进行后续分析和报告。渗透攻击完成之后，整理攻击所获得的信息，为后面编写测试报告提供依据。这包括：①整理渗透工具，整理渗透过程中用到的代码、工具等。②整理漏洞信息，整理渗透过程中遇到的各种漏洞，各种脆弱位置信息。测试完成之后要编写测试报告，阐述项目安全测试目标、信息收集方式、漏洞扫描工具以及漏洞情况、攻击计划、实际攻击结果、测试过程中遇到的问题等。此外，还要对目标程序存在的漏洞进行分析，提供安全有效的解决办法。这包括：①按需整理，按照之前跟客户确定好的范围、需求来整理资料，并将资料形成报告。②补充介绍，要对漏洞成因、验证过程和带来的危害进行分析。③修补建议，要对所有产生的问题提出合理高效安全的解决办法。

3.2.3　漏洞扫描的概念

网络漏洞扫描（network vulnerability scanning）是一种安全评估技术，用于检测网络中存在的潜在安全漏洞和弱点。它通过扫描目标网络的主机、设备和应用程序，发现可能存在的漏洞，以便及时采取措施加以修补或加固[4]。

网络漏洞扫描通常使用自动化工具来扫描目标网络，并对目标系统进行漏洞检测和评估。它通过发送特定的网络请求或执行漏洞利用代码来模拟潜在攻击,并观察目标系统的响应情况。漏洞扫描工具会比对已知的漏洞数据库或漏洞签名,以确定目标系统是否受到已知漏洞的影响。

漏洞扫描的重要性体现在:①及时发现漏洞。通过定期进行漏洞扫描,可以及时发现新出现的或之前未被识别的漏洞。②助力风险评估。漏洞扫描结果有助于评估系统中存在的安全风险,为制定有效的安全策略提供依据。③满足合规性要求。在某些行业和地区,定期进行漏洞扫描是遵守监管要求的重要体现。

漏洞扫描可分为三种类型。①有资格扫描(credentialed scans):使用管理员权限执行的扫描,可以访问系统深层次信息,提供更全面的漏洞检测。②无资格扫描(non-credentialed scans):不使用管理员权限,仅检测系统的外部可见部分。③主动扫描与被动扫描:主动扫描通过主动发送请求以检测漏洞,而被动扫描监控网络流量以识别异常。

漏洞扫描是智能制造安全策略中的一个关键环节。它不仅有助于及时发现系统中的安全漏洞,还是制定有效安全措施和维护合法合规性的基础[4]。正确执行和管理漏洞扫描事关保障智能制造环境的安全。确保漏洞扫描工具准确,减少误报,对于正确评估风险和分配安全资源十分重要。在进行漏洞扫描时,要注意避免对生产系统造成负面影响,如导致性能下降、中断服务等。

3.2.4　漏洞扫描的步骤

漏洞扫描是确保智能制造系统安全的一个重要的安全实践[5],用于发现和评估智能制造系统中的潜在安全威胁。为确保扫描过程系统化和高效,可以参考下列步骤进行漏洞扫描。①目标识别:确定需要扫描的目标网络或主机。②端口扫描:通过发送网络请求,扫描目标主机上开放的端口,以确定进行漏洞检测的服务。③漏洞检测:对目标主机或服务执行漏洞扫描,检测是否存在已知的安全漏洞。④漏洞评估:对发现的漏洞进行评估,包括确定漏洞的严重程度、影响范围和可能的攻击方式。⑤生成报告:根据扫描结果生成漏洞报告,包括详细描述每个漏洞、修复措施和风险评估。

另外,网络漏洞扫描仅能发现已知的漏洞和弱点,而无法识别未知和新出现的漏洞。因此,定期更新漏洞扫描工具的漏洞库非常重要,以确保扫描的准确性和完整性。

3.2.5　渗透测试与漏洞扫描的区别

在工业信息安全领域,渗透测试和漏洞扫描是两种常见且重要的安全评估方法。尽管两者在目标上有所重叠,但它们的方法、目的和结果有明显区别。

渗透测试是模拟黑客攻击的过程,旨在评估系统对真实世界攻击的抵抗力。它涉及主动攻击系统,以发现可利用的安全漏洞。渗透测试通常更深入,不仅用于发现漏洞,还探究漏洞的利用方式和潜在后果。渗透测试中经常构建具体的攻击场景,模拟真实攻击者的策略和行为。

漏洞扫描是一种自动化过程,用于识别和报告系统中可能存在的安全漏洞,但并不进一步探索这些漏洞。漏洞扫描通常覆盖更广泛的区域,快速识别各种潜在漏洞,但不深入分析每个漏洞的利用方式。漏洞扫描更适合作为持续的安全监控工具,定期检查系统安全状态。

渗透测试模拟攻击者的行为,更侧重于评估系统的整体安全性,而漏洞扫描是自动化的,更侧重于已知漏洞的识别。尽管两者不同,但在安全策略中相互补充。漏洞扫描能为渗透测试提供基础支撑,而渗透测试则深入探究发现的漏洞。因此,在工业信息安全中,通常建议综合使用这两种方法,以确保系统的全面安全性。

3.2.6　工业环境中的应用

在工业环境中,渗透测试和漏洞扫描同样重要。工业控制系统(ICS)和智能制造设备需要经常性的安全评估,以确保其不受潜在威胁的影响。工业网络与传统 IT 网络存在许多不同之处,包括实时性要求、通信协议多样性、设备特殊性等方面。这些特殊性要求在进行渗透测试和漏洞扫描时需要更加谨慎和专业的处理,以确保不影响生产过程。渗透测试和漏洞扫描可应用于以下方面:

(1)工业控制系统:用于评估工业控制系统中的漏洞和弱点,以确保其稳定性和可靠性。在进行渗透测试时,必须小心谨慎,以免对生产过程造成影响。特别是在工业环境中,生产系统的可用性至关重要,渗透测试团队需要确保测试不会导致生产中断。

(2)智能制造设备:检测智能制造设备中的安全漏洞,以防止潜在的攻击。某些工控设备对外部扫描和攻击可能表现出不同的响应。在进行渗透测试时,需要了解目标设备的特性，以避免对设备造成损坏或不稳定的影响。

（3）网络和通信：扫描工业网络和通信设备，以确保数据传输的安全性。这方面与 IT 网络的差别比较小，可以通过传统 IT 网络中常用的手段进行漏洞扫描和渗透测试。

（4）应用程序：评估工业应用程序的安全性，以防范针对应用程序的攻击。工业软件系统通常受到严格的合法性、合规性监管，包括但不限于环境、安全和健康（ESH）标准。在进行渗透测试时，必须确保符合相关法规，并在必要时获得相关的许可和授权。

此外，在工业环境中，选择适当的漏洞扫描工具也很关键。考虑到工业网络的特殊性，一些专门针对工控系统的漏洞扫描工具可以提供更准确的结果。常见的漏洞扫描工具包括 Nessus、OpenVAS 等，而对于工控系统，可能需要专业工具，如 SCADA Shield 等。

总之，在智能制造等工业环境中，将渗透测试和漏洞扫描结合使用，可以更有效地识别和缓解安全风险。这不仅有助于保护关键工业基础设施，也确保了整个智能制造系统的安全性和可靠性。

3.3 工业网络入侵检测与防御

工业网络入侵检测与防御是维护工业系统和制造环境安全的关键组成部分。本节将深入研究工业网络入侵检测和防御的相关概念以及策略。

3.3.1 工业网络入侵检测系统

入侵检测系统（IDS）是一种持续监控工业网络，以识别可能的恶意活动和政策违规行为的安全工具。在智能制造的时代背景下，IDS 不仅有助于维护日常运营的连续性和效率，还能为防御复杂和不断演变的网络威胁提供关键支持。

1）工业网络入侵检测系统的定义

IDS 是一种安全工具，用于监视工业控制系统（ICS）和工业自动化系统（IAS）中的网络流量和设备行为，以检测潜在的恶意活动、异常行为和安全威胁。IDS 旨在提供实时的、持续的监视，以便迅速识别和应对网络攻击、未经授权的访问、恶意软件传播、异常行为等问题[6]。

IDS 具有以下特点：①实时监控，入侵检测系统（IDS）连续监视工业网络流量，以及与设备和系统通信的数据。它分析数据包、通信模式和网络行为，以便及时发现异常情况。②异常行为检测，IDS 还可以检测到不符合正常行为模式的活动。这包括未经授权的访问、异常数据流量、未知的通信模式等。当系统检测到这些异常时，会触发警报。③警报和响应，一旦 IDS 检测到潜在威胁，它会生成警报，通知相关人员或其他安全系统。这些警报可以触发进一步的调查和安全措施，例如隔离受感染的系统或关闭非法访问。④数据记录和分析，IDS 通常记录网络活动和警报数据，以便后续分析、审计和调查。这有助于了解威胁的性质、来源和影响。

工业网络入侵检测是保护工业自动化系统的重要措施，可以帮助组织及时发现并应对潜在威胁，降低网络攻击对生产和设备的风险。这是工业信息安全的重要组成部分，有助于确保工业网络的可用性、完整性和机密性。

2）工业网络入侵检测的类型

工业网络环境因其特殊性和对安全性的高要求，使入侵检测成为一项复杂而重要的任务。不同的检测类型有其独特的优势和限制。了解不同的入侵检测类型，能更好地理解如何选择合适的工业环境 IDS 解决方案，以及如何有效地利用这些系统来提高网络的安全防御能力。工业网络入侵检测可以分为以下类型。

（1）网络入侵检测系统（NIDS）：监视网络流量，检测可能的攻击和威胁。这种系统位于网络内部，监视经过网络的数据流量。NIDS 可以分析传输到网络的数据包，以识别与已知攻击签名匹配的模式。它还可以检测异常流量模式，例如大规模扫描或分布式阻断服务（DDoS）攻击。NIDS 通常部署在网络的关键点，如边界路由器或交换机上，以监测整个网络的流量。

（2）主机入侵检测系统（HIDS）：安装在工控设备上，监视设备本身的活动和安全性。这种系统安装在计算机或服务器上，监视主机的操作系统和应用程序活动。HIDS 通过检查系统日志、文件完整性、注册表项和进程来识别异常活动。HIDS 更侧重于检测特定主机上的问题，如恶意软件感染或未经授权的访问。

（3）行为入侵检测系统（BIDS）：通过分析设备和用户行为来检测异常模式。行为入侵检测系统[7]是一种网络安全工具，旨在监测和识别网络上的恶意活动和安全威胁,其主要特点是关注系统和用户的行为模式,以便检测异常活动。行为入侵检测系统通过不断分析和监视网络、主机或应用程序的正常行为模式来运作。这包括用户的登录和活动、系统进程的执行、数据传输和文件访问等。系统会建立正常行为的模型,通常称为"基线",以便后续进行比较。当检测到与基线不符的行为时,系统会发出警报。

3)入侵检测系统(IDS)的部署

IDS 通常部署在网络的关键点,以监控通过这些点的所有网络流量。比如,部署在核心网络,在数据中心或核心网络的关键交换点部署 IDS,可以监控内部流量,识别潜在的内部威胁或网络跨越行为。再如,部署在关键服务器,在包含重要数据或应用程序的服务器上部署 HIDS,如数据库服务器、文件服务器等。IDS 部署示意图如图 3-1 所示。

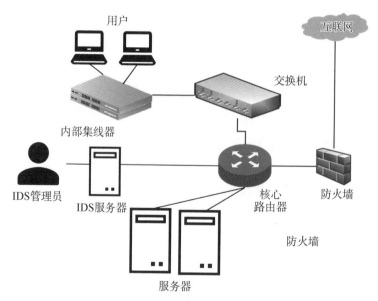

图 3-1 IDS 部署示意图

3.3.2 工业网络入侵防御系统(IPS)

IPS 作为网络安全的关键组成部分,不仅监测网络流量以检测潜在的攻击,更进一步采取措施来阻止这些攻击。在智能制造环境中,IPS 的作用尤为重要,能够帮助保护关键的工业控制系统免受复杂网络威胁的侵害。

1）工业网络入侵防御的策略

IPS 旨在保护工业控制系统免受潜在的网络威胁和攻击[8]。以下是工业网络入侵防御的一些关键策略：①访问控制，实施强化的访问控制策略，限制对工业网络的访问，并只允许授权用户和设备进入。②系统加固与安全更新，及时应用安全更新和补丁，修复已知漏洞。③入侵防御工具和入侵防御系统（IPS），使用 IPS 等工具来主动阻止潜在的入侵尝试。

2）工业网络入侵防御工具

工业网络入侵防御工具[8]是专门设计用于监测、识别和抵御工业网络中潜在威胁和攻击的软件和硬件解决方案。这些工具旨在提高工业控制系统（ICS）和工业自动化系统（IAS）的安全性，防止未经授权的访问、恶意软件传播和网络攻击。工业网络入侵防御依赖于各种安全工具和技术，包括但不限于：

（1）工业防火墙：工业防火墙用于监测和控制网络流量，以便识别并封锁潜在的威胁。它们可以基于策略来过滤数据包，确保只有合法的流量能够通过，阻止未经授权的访问。

（2）入侵防御系统（IPS）：入侵防御系统是一种网络安全解决方案，旨在检测、阻止和响应恶意网络活动和潜在威胁。IPS 的主要目标是提供主动的安全保护，防止未经授权的访问、恶意攻击和漏洞利用。

IPS 分析网络数据流，包括网络流量、数据包和协议。它监测数据流中的异常行为，如恶意代码、攻击特征和不寻常的流量模式。

IPS 使用多种检测方法来发现潜在的威胁，包括特征匹配、签名检测、行为分析和统计分析。它可以识别已知威胁，如病毒、蠕虫、恶意软件，以及未知的零日攻击。

IPS 使用事先定义的规则和策略，这些规则可以根据组织的需求进行定制。这使得 IPS 可以适应不同的网络环境和威胁类型。当 IPS 检测到威胁或异常活动时，它可以采取主动响应措施，例如封锁恶意流量、终止连接、通知管理员、记录事件等。这有助于减轻潜在威胁带来的风险。

（3）反病毒软件：反病毒软件用于检测和清除恶意软件，包括病毒、恶意代码和间谍软件。它可以扫描文件和网络流量，识别潜在的威胁。

3）入侵防御系统（IPS）的部署

IPS 是网络安全设备，用于监控网络或系统活动，识别恶意活动并采取措施阻止。IPS 一般部署于网络边界,通常位于防火墙后面的网络边缘,以监控和阻止任何恶意流量进入内部网络。还有一种可能是保护数据中心,放置在关键服务器和基础设施前面,保护敏感数据并防止对这些资产的攻击[9]。当然,也可以将 IPS 放在分段交界处,在网络分段之间,特别是在流量从较不安全区域流向更安全区域时(例如,从非军事区 DMZ 到内部网络)。IPS 部署示意图如图 3 - 2 所示。

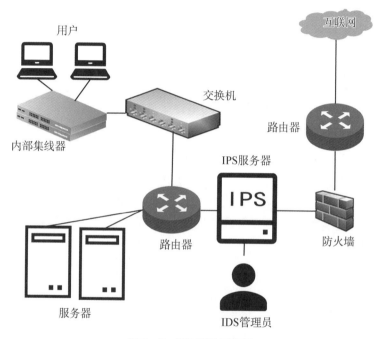

图 3 - 2　IPS 部署示意图

3.3.3　安全信息与事件管理(SIEM)

安全信息与事件管理(security information and event management,SIEM)是一种集成的安全解决方案,旨在提供全面的信息安全监控、威胁检测、事件响应和合规性管理。SIEM 系统的核心目标是帮助组织实时监控其信息技术基础设施,及时识别潜在的威胁,采取适当的措施来应对威胁,同时满足合规性要求。

SIEM 系统实时监控大量数据,用于检测潜在的安全事件,例如异常登录、恶意软件活动、未经授权的访问等。监控包括实时流量分析和日志数据分析。SIEM 系统利用先进的分析和规则引擎来检测潜在的威胁事件。一旦检测到异常,系统可以触发自动或手动的响应机制,包括警报、封锁访问、通知安全团队等。

SIEM 系统集成了各种数据来源,包括网络设备、操作系统、应用程序、防火墙、入侵检测系统(IDS)、入侵防御系统(IPS)、终端设备和安全日志[10]。这些系统生成的数据被集中收集和存储,以便进一步分析。

1) SIEM、IDS、IPS 之间的联系

SIEM、IDS 和 IPS 都致力于对网络和系统中的安全事件进行监测和检测。它们通过分析日志、网络流量和其他相关数据来识别潜在的威胁和异常活动。这三者均具备实时响应的能力,可以在发现安全事件后迅速采取行动,阻止或减缓潜在的攻击,从而降低安全风险。

SIEM、IDS 和 IPS 都有助于提高组织对其网络和系统安全状况的可视性。通过集中监控和分析安全事件,企业能够更好地了解潜在威胁和漏洞。IDS 和 IPS 专注于检测和防御入侵行为。IDS 负责监测网络流量,识别异常行为,而 IPS 不仅能够检测,还能主动阻止潜在攻击。SIEM 在此方面也有涵盖,但其主要功能在于事件的集中管理和分析。

2) SIEM、IDS、IPS 之间的区别

SIEM、IDS 和 IPS 之间的区别主要是功能和定位不同、检测入侵行为的反应方式不同、部署位置不同,以及数据源的不同。

(1) 功能与定位不同。IDS 专注于检测网络流量中的异常和潜在的入侵行为,但通常不具备主动阻止攻击的能力。IPS 与 IDS 相似,但具备主动防御能力。IPS 可以根据检测到的威胁采取实时措施,例如阻断攻击流量。SIEM 主要用于集中管理、分析和报告各种安全事件。SIEM 系统汇总来自各种来源的数据,提供对整个安全基础设施的全面视图。IDS 更专注于检测潜在的恶意活动,而 SIEM 提供了更全面的安全管理视图,包括日志记录、事件关联和分析。SIEM 通过汇总和分析来自不同源的数据,提供了更深入的安全见解,而 IDS 主要集中于特定的入侵检测。

(2) 检测入侵行为的反应方式不同。IDS 主要为检测入侵行为而设计,当检测到异常时,通常通过警报通知安全团队,但不会主动采取措施。IPS 具备

主动防御机制,可以实时响应检测到的攻击,采取阻断或隔离的措施。SIEM主要为事件管理和报告而设计,其响应通常是基于预定义的规则和策略,并非实时的。SIEM可能包括更高级的事件响应功能,而IDS通常集中于检测和警告。

(3)部署位置不同。IDS部署在网络边界或内部,监测流经网络的数据包,检测潜在的入侵行为。IPS同样部署在网络边界或内部,但不仅仅是检测,还能主动阻止潜在的攻击。SIEM部署在整个网络中,负责汇总和分析来自各种设备和系统的日志和事件。

(4)数据来源不同。IDS主要关注网络流量,通过监测网络数据包来检测入侵行为。IPS与IDS相似,主要关注网络流量,但在检测到威胁时可以主动阻止流量。SIEM可以集成来自各种设备和应用程序的日志,包括防火墙、服务器、网络设备等。

综上所述,在实际应用中,企业通常综合使用这三者以建立更全面、协同的安全基础设施。其中,SIEM负责集中管理和分析事件,而IDS和IPS则提供实时检测和防御的能力,使企业能够更全面地应对安全威胁。

3.3.4 检测原理及案例说明

SIEM、IDS、IPS等工具都有比较复杂的工作原理和异常事件检测原理。了解这些工具进行异常事件监测的工作原理,有助于在这些工具中设置异常事件发现规则,并利用这些工具起到网络入侵监测与防御的作用。

比较简单且通俗易懂的监测原理,包括时间模式分析、异常时间检测、实时流量监测和时间关联分析等。①时间模式分析。安全专业人员会观察网络上的活动,以确定正常业务流量和事件的时间模式,这包括正常的工作时间、数据传输高峰期以及系统通常的活动模式。②异常时间检测。基于已知的正常时间模式,系统能够检测到在非正常时间发生的网络活动。这可能是在非工作时间发生的大量数据传输,或者在系统通常不活跃的时间出现的异常事件。③实时流量监测。系统实时监测网络流量,检查数据包的来源、目的地、协议等信息。通过对流量进行实时的深度包检测,可以识别异常行为和潜在的威胁。④时间关联分析。将网络事件与特定时间段相关联,以便更好地理解它们。这有助于排除误报,同时使安全团队能够更准确地识别真正的安全事件。

案例示意

场景：企业 A 有一个标准的工作时间段，即每天上午 9 点到下午 5 点，工作日为周一至周五。在一个周末的深夜，安全系统检测到大量的数据传输活动。

分析：根据企业 A 的正常时间模式，周末的深夜应该是网络非活跃期。大量的数据传输活动可能表明存在异常，可能是恶意软件传播、未经授权的访问或其他安全问题。这一情景下发生的非工作时间大量数据传输活动会触发工业信息安全软件，比如 IDS 或 SIEM 的警报规则。

响应：安全团队收到警报后，可以迅速进行进一步的调查。他们可能会追踪到异常数据传输的源和目的地，分析相关的网络流量，检查是否存在异常的登录尝试或其他潜在的攻击迹象。

结果：如果发现确实存在安全威胁，安全团队可以立即采取行动，例如隔离受感染的设备、封锁攻击者的访问、更新防御策略等，以保护企业网络的安全。

通过以上方法，根据网络时间和流量监测安全事件，企业可以及时发现和响应潜在的威胁，保障网络的安全性。

3.4　即时隔离

在工业信息安全中，即时隔离是应对安全事件时的关键步骤。当检测到潜在的威胁或攻击时，立即隔离受影响或潜在受威胁的系统和网络部分，是防止威胁扩散和最小化损害的重要策略。

即时隔离作为一种紧急措施，可以在确定威胁的性质和范围之前，阻止其进一步扩散。在工业环境中，即时隔离尤为重要，因为安全威胁可能迅速影响关键的生产和控制系统，导致严重的生产中断和经济损失。

隔离措施有以下几种：①物理隔离。在某些严重的情况下，物理隔离（如断开网络连接或关机）可能是必要的。这是最彻底的隔离方式，但也可能导致操作中断。②网络隔离。通过配置防火墙规则或更改网络路由，将受威胁的网络区域与其他部分隔离。③系统隔离。在软件层面关闭或限制受威胁系统的功能，例如禁用某些服务或应用，限制其与外部网络的通信。

实施即时隔离的策略主要有：①自动化检测与响应，通过部署先进的安全系统,实现对异常活动的自动化检测和响应。一旦系统检测到异常行为或已知的威胁特征,系统会自动触发隔离机制。②预定义的隔离规则,制定详细的隔离规则和程序,明确在不同类型的安全事件下应采取的隔离措施。这包括对哪些系统、网络或设备进行隔离,以及隔离的具体方式。③手动干预与控制,虽然自动化措施很重要,但在某些复杂的情况下,需要安全专家进行手动干预和决策,以确保隔离措施既有效又不会过度影响正常运营。

总之,及时有效的隔离策略对于保护智能制造安全至关重要。通过实施自动化和手动结合的隔离措施,工业企业可以有效地应对网络安全事件,最大限度地减少对生产和运营的影响。

3.5 开源安全工具的使用

开源工具是指其源代码可公开获取的软件,允许用户自由使用、修改和分发,通常由活跃的社区支持,不断更新和改进,以适应快速发展的技术环境。开源安全工具在工业信息安全中扮演着重要的角色,它们为工程师和管理员提供了强大的资源来检测、防御和应对威胁[11]。本节将深入研究开源安全工具的应用,以及如何实现效用最大化。

3.5.1 常用的开源安全工具

大多数开源工具免费或成本较低,使得即使资源有限的企业也能获得强大的安全工具。强大的开源社区提供了丰富的知识资源,共享最佳实践和解决方案。开源工具在工业信息安全领域提供了一种价值高、灵活且可靠的解决方案。通过合理选择和配置这些工具,企业可以强化其安全防护,同时保持成本效益。

按照渗透测试、漏洞扫描、入侵检测和入侵防御进行梳理,常见的信息安全开源工具主要有以下几种。

在渗透测试方面,常见的开源安全工具主要有:①Metasploit,一个广泛使用的渗透测试工具,包括漏洞利用、漏洞扫描、社交工程等功能,提供用于发现、利用和验证漏洞的工具和资源。②Nmap,用于网络发现和安全审计的强大端口扫描工具,能够发现网络中的设备和服务,以及它们的配置情况。③

Wireshark,用于网络协议分析和数据包捕获的工具,可以捕获和详细分析网络流量,有助于检测异常数据传输和潜在威胁。

在漏洞扫描方面,常见的开源安全工具主要有:①OpenVAS,一个开源漏洞扫描工具,用于检测网络上的漏洞并提供安全建议。②Nexpose Community,提供漏洞管理和风险分析的工具,可用于漏洞扫描和漏洞管理。

在入侵检测方面,常见的开源安全工具主要有:①Snort,一个轻量级的入侵检测系统(IDS),用于检测和防御网络上的异常行为和攻击。②Suricata,类似于 Snort 的高性能网络威胁检测工具,支持多种协议和规则。③OSSEC,一个开源的入侵检测和主机安全监控系统,提供实时警报和日志分析。

在入侵防御方面,常见的开源安全工具,如 Fail2ban,是用于自动封锁恶意 IP 地址的工具,可防止恶意登录和暴力破解尝试。

以上工具只是众多可用的开源安全工具中的一部分。在不同的安全场景中,选择合适的工具是至关重要的,以满足特定需求和威胁。此外,这些工具通常需要有经验的安全专业人员来正确配置和操作。

3.5.2　开源安全工具最佳实践的指导原则

当使用开源安全工具进行渗透测试、漏洞扫描、入侵检测、入侵防御等任务时,遵循最佳实践至关重要,以确保其有效性、安全性以及合规性[12]。以下是一些关于开源工具的最佳实践指导原则,以确保其有效性和安全使用。

(1)确保工具的合法性:首先,确保使用的开源工具是合法的,符合相关的法律和许可证。了解在使用开源工具时适用的法律和法规,特别是隐私法、数据保护法和计算机犯罪法律。不合法的工具可能会导致法律问题,因此必须遵循开源工具的许可证条款。

(2)测试合法性且符合道德:在使用开源工具进行渗透测试时,确保只测试授权的系统和网络,遵循道德规范,不违反法律规定。

(3)掌握工具:在使用开源工具之前,确保对其操作方法有足够的了解。参与培训和认证可以帮助提高技能水平。

(4)定期升级工具:开源工具通常会不断更新以修复漏洞和改进性能。因此,要定期检查并更新工具以确保其保持最新版本,从而提高安全性。

(5)了解工具的功能和参数:在使用开源工具之前,确保充分了解工具的功能和参数。通过查看官方文档、教程和社区支持,可以更好地理解如何正确使用及配置工具。

（6）安全设置和配置：在使用开源工具时，确保将其安全设置为最佳配置。这可能包括限制访问权限、设置访问控制列表、启用身份验证和加密等安全措施。

（7）安全存储工具数据：保护工具生成的数据，包括扫描报告、漏洞信息和日志文件。使用加密、访问控制和备份来确保这些数据的保密性和完整性。

（8）在受控环境中使用：尽可能在受控的测试环境中使用开源工具，以防止不小心对生产系统造成意外损害。

（9）备份系统并定期更新：在使用开源工具之前，需要备份系统，以免渗透测试等操作将系统意外破坏造成损失。在使用中的系统尤其需要备份，尽管不建议在线上运行的系统上进行渗透测试等操作，但的确在某些特殊情况下有这种案例，所以一定要做好系统备份[13]。此外，确保系统已经更新到最新的安全补丁。

（10）日志和审计：启用工具的日志和审计功能，以跟踪活动并记录潜在的安全事件。

（11）共享知识和经验：如果在使用开源工具时学到了有价值的知识和经验，可以分享给社区，帮助其他人提高他们的技能。

以上最佳实践可以确保开源安全工具的有效性和安全性，并有助于减少潜在的风险和问题。无论是个人使用，还是组织使用这些工具，都应当遵守这些准则，以确保安全性和合规性。

3.5.3 开源安全工具的未来发展趋势

当前，开源安全工具领域正不断发展，新工具加速涌现，旧工具不断更新。开源安全工具在工业信息安全中具有巨大应用潜力，工业信息安全领域一直在不断演进，开源安全工具在这个过程中发挥着至关重要的作用。未来，开源安全工具可能面临以下关键趋势和发展方向。

趋势1：人工智能和机器学习的融合。未来，人们将看到人工智能（AI）、机器学习（ML）技术与开源安全工具的融合。这将使这些工具更加智能化，能够自动识别和应对新的威胁。例如，开源入侵检测系统可以利用机器学习算法来分析大规模的数据，以检测异常活动，从而提高检测的准确性。

趋势2：基于云的解决方案。云计算已经成为工业信息安全领域的一个关键趋势。未来,人们将看到越来越多的开源安全工具迁移到云平台上。这将使组织能够更轻松地部署、管理和维护这些工具,同时还能够实现弹性扩展,以适应不断增长的需求。

趋势 3:自动化和编排。自动化和编排将成为开源安全工具的核心特性。这些工具将能够自动执行任务,例如自动修补漏洞、隔离受感染的设备,以及生成实时警报。这将减轻安全团队的工作负担,加快威胁响应的速度。

趋势 4:开源社区的增长。开源安全工具的用户和开发社区将持续增长。这将推动这些工具的不断改进和扩展。用户和开发者将分享他们的经验和见解,从而不断改进工具的性能和功能。

趋势 5:国际合作和信息共享。在未来,国际合作和信息共享将变得更加重要。跨国公司和组织将分享有关威胁情报和最佳实践的信息,在互帮互助中更好地保护其工业网络。开源安全工具将在这一进程中起到关键作用,因为它们可以为不同国家和组织提供通用的解决方案。

趋势 6:法律法规和合规性要求的增加。未来,信息安全法律法规和合规性要求将日益严格,对组织会提出更高的信息安全标准。开源安全工具将成为组织满足这些要求的关键工具,因为它们提供了灵活性和可定制性,以适应不同行业和国家的需求。

趋势 7:开源安全工具需要适应智能边缘设备的增加。工业互联网的发展将导致智能边缘设备的普及。开源安全工具将需要适应这些新型设备的保护需求,以确保整个工业生态系统的安全性。

趋势 8:区块链技术的整合。区块链技术的崛起将对开源安全工具的发展产生深远影响。区块链的不可篡改性和分布式特性可以用于加强日志记录和事件追踪,从而提高工业信息系统的透明度和安全性。

总的来说,开源安全工具将继续在工业信息安全中扮演关键角色。通过不断的技术创新和应用,这些工具将有助于组织更好地保护其工业网络免受不断演变的威胁。

3.6　区块链与云计算技术在事中监测措施的应用

本章前面所描述的渗透测试工具、漏洞扫描工具、IDS、IPS 和 SIEM 等,属于比较传统的工业信息安全工具。在现代工业信息安全领域，区块链和云计算技术的应用日益增多，其在提高安全性、增强数据完整性和优化安全监测方面发挥着重要作用。

1）区块链在工业信息安全中的应用

区块链[14]是一种分布式账本技术，通过加密和共识机制保证数据的完整性和不可篡改性。区块链技术对比其他技术，主要有两个特点。①不可篡改性：区块链的数据一经记录，无法被修改或删除，这增强了数据的完整性和可追溯性。②分布式账本：由于区块链是分布式的，它提供了一个去中心化的数据管理方式，降低了单点故障的风险。由于其不可篡改性，区块链可提供一种安全可靠的方式来存储和管理关键工业数据。区块链的透明性有助于提高制造过程的可追溯性，从而增强客户和监管机构的信任。区块链的结构几乎消除了数据篡改和欺诈的可能性，从而保护工业系统免受内部和外部威胁。

根据区块链的技术特性，在实际案例中区块链具备防止入侵和安全监测的功能，或者使已有软件系统在这两方面的功能有所加强。①防止入侵：在某制造业企业中，区块链技术被用于记录网络活动和交易数据。通过这种方式，任何非授权的更改或入侵尝试都会被立即检测到，因为它们会造成区块链数据的不一致。②安全监测：在一个自动化生产线上，区块链被用来跟踪设备状态和操作记录。这使得在发生安全事件时，能够快速定位问题的源头，并追溯历史操作数据。

所以，区块链在工业信息安全中的应用为智能制造提供了新的可能性。它不仅增强了数据安全性和系统的透明度，还为供应链管理、数据共享和身份验证带来了革命性的改变[15]。

2）云计算在工业信息安全中的应用

云计算提供了一种灵活、可扩展的计算资源，包括存储、处理能力和高级分析功能。云计算使数据集中存储和管理成为可能，有助于统一安全标准和策略。云计算提供了有效的数据备份和灾难恢复解决方案，保障关键数据的安全。

利用云计算提供的先进安全功能来保护工业数据，包括加密和访问控制，利用云平台进行工业系统的实时监控，以及使用大数据分析技术来识别潜在的安全威胁。具体来说，云计算对于工业信息安全的作用在于：①弹性和可扩展性,云计算提供了强大的资源弹性和可扩展性,使得企业能够快速适应变化的工作负载和安全需求。②集中化的安全管理,云服务提供商通常提供集中化的安全管理和监控服务,这有助于简化安全运维。

根据云计算技术特性,在实际案例中同样具备防止入侵和安全监测的功能,或者使已有软件系统在这两方面的功能有所加强。①防止入侵:云计算被用来部署入侵检测系统(IDS)。由于云的高扩展性,IDS 能够实时分析大量数据,快速识别潜在的威胁。②安全监测:利用云平台来实施安全信息和事件管理(SIEM)系统,实现对网络流量和用户行为的实时监控,及时发现异常活动和潜在风险。

当然,云计算也不是有百利而无一害,如果在工业信息安全领域使用云计算,就需要确保云服务符合行业安全标准和法规要求,并且制定和执行严格的数据安全策略,以管理和保护云环境中的数据。所以,云计算为工业信息安全提供了新的机遇,同时也带来了一些挑战。通过了解这些机遇和挑战,企业可以更好地利用云计算技术来保护其智能制造环境。

总之,区块链和云计算技术在工业信息安全领域的应用提供了新的机遇和挑战。两者通过各自独特的特性帮助企业提升安全防护能力,特别是在事中监测措施的实施方面。通过结合这些先进技术,企业能够更有效地防御安全威胁,保护关键数据和基础设施,从而更好地面对日益复杂的安全挑战。

3.7　案例研究——BCD 公司的实时安全响应

BCD 公司[1]是一家大型汽车制造企业,近年来积极投资智能制造和自动化技术。本案例将探讨 BCD 公司如何有效执行事中安全措施,应对一次复杂的网络安全攻击事件,可作为工业企业实施事中安全措施的参考范例。

随着智能制造领域技术投入的加大,BCD 公司的生产系统变得更加数字化和网络化,但也暴露出更多的网络安全威胁。公司的生产系统和数据中心成为潜在的攻击目标。

BCD 公司拥有一个分布式网络,连接多个生产基地和办公区域,涵盖了从

---

① 　BCD 公司是一个虚拟的公司名称。

设计到制造、销售的整个业务链。为了提高效率和灵活性,公司采用了混合云环境,结合了本地数据中心和多个云服务提供商。

BCD 公司部署了先进的防火墙和入侵检测系统(IDS),保护网络边界并监测潜在的威胁,引入了 SIEM 系统,以实时监控和分析安全事件,确保快速响应可能的安全威胁。BCD 公司还会定期对网络和系统进行漏洞扫描和渗透测试,以识别和修复安全漏洞。实施严格的访问控制措施和采用多因素身份验证,确保只有授权用户才能访问敏感系统和数据。总体而言,BCD 公司已经做了很多工业信息安全的防护措施。

2022 年 7 月 12 日,不同的信息安全系统产生了安全告警,BCD 公司的安全团队发现一个未授权的外部访问尝试,这表明公司的生产网络可能遭受了入侵。以下是这次安全入侵的详细信息:

14:05:网络入侵检测系统(IDS)首次发出告警,检测到不寻常的外部流量尝试穿越防火墙。

14:07:安全信息和事件管理(SIEM)系统报告了与常规模式不符的内部网络活动,暗示可能的横向移动。

14:10:多个生产线控制系统发出异常警报,表明操作参数遭到未授权修改。

初期告警主要集中在网络边界,指向外部未授权访问尝试。随后的告警转向内部网络,显示出攻击者可能已经渗透网络,并开始探索内部系统。最后,生产线控制系统开始报告异常,这是攻击者操纵或尝试操纵生产系统的明确标志。

安全团队迅速分析这些告警,初步认定这是一次有组织的、多阶段的网络攻击。初步判断攻击类型可能包括网络钓鱼、恶意软件植入以及对工业控制系统的直接攻击。攻击看似想要破坏生产线的正常运作和窃取敏感数据。

BCD 公司的安全团队迅速采取了以下事中监测措施来应对这一事件:①即时隔离:立即将受威胁的网络区域与公司其他网络隔离,以防止潜在威胁的扩散。②实时监控和分析:通过安全监控系统对网络流量进行实时监控和分析,以确定攻击的范围和性质。③通知相关部门:迅速通知公司管理层及相关部门,协调资源以应对事件。④紧急补丁应用:针对已识别的安全漏洞,快速应用安全补丁和更新。⑤数据备份和完整性检查:对关键数据进行备份,并检查数据完整性以确保关键操作数据未被篡改。

18:30：BCD 公司的信息安全运营团队完成了对所有生产线的全面检查，确认没有发生重大生产中断和数据损失。在隔离和补丁后，对关键系统进行了全面检查，以确保它们恢复正常运行。次日上午，安全团队向公司管理层提供了详细的事件报告，确认攻击已成功遏制，未对公司造成重大损失。

总结而言，事件期间的主要挑战包括确定攻击者的入侵路径和意图，以及快速响应以最小化对生产系统的影响。通过紧密的团队协作和先进的安全技术，BCD 公司成功地遏制了攻击，没有造成严重的生产中断或数据损失。

这一事件表明，及时有效的事中安全措施能够有效保护智能制造安全。BCD 公司通过实时监控、快速响应和紧密的团队协作有效应对了网络安全事件，展示了在面临网络攻击时，组织如何通过事中监测措施保护其关键资产。

参考文献

[1] 巫冬. 基于 web 安全的渗透测试技术探讨[J]. 四川职业技术学院学报，2019，29(5)：160 - 163.
[2] 贺义君. 基于 Kali Linux 的渗透测试研究[D]. 长沙：中南林业科技大学，2019.
[3] 文春生，唐阳华. 基于 Web 环境的网站渗透测试技术探究[J]. 湖南科技学院学报，2020，41(5)：44 - 48.
[4] 牛咏梅. 面向 Web 应用的漏洞扫描器的设计与实现[J]. 南阳理工学院学报，2018，10(6)：66 - 69.
[5] 高文清，张荣涛，林若楠，等. 基于 Nessus 漏洞扫描的漏洞攻击实验[J]. 网络安全技术与应用，2022(7)：13 - 14.
[6] 陆泉名. 网络入侵检测系统的设计与实验[J]. 无线互联科技，2022，19(14)：149 - 151.
[7] 郭肖旺，闵晓霜，韩庆敏. 基于自适应深度检测的工控安全防护系统设计[J]. 电子技术应用，2019，45(1)：85 - 87，91.
[8] 王海. 网络攻击与防御策略综述[J]. 信息安全与通信保密，2019，17(8)：1 - 10.
[9] 陈晓阳，刘明. 网络攻击演化及防御对策研究[J]. 计算机科学与应用，2020，10(2)：48 - 53.
[10] 李璐，吴明. 构建网络防御体系的思考与实践[J]. 电子技术与软件工程，2021，18(3)：121 - 124.
[11] 陶晓龙. Openstack 开源框架和技术在甘肃省电子政务平台建设中的应用与研究[D]. 兰州：兰州大学，2015.
[12] 贺文轩，王颉，王晓龙，等. 开源软件风险下的金融行业软件供应链安全解决方案[J]. 信息安全研究，2022，8(增刊)：23 - 26.
[13] 冯兆文，刘振慧. 开源软件漏洞安全风险分析[J]. 保密科学技术，2020(2)：27 - 32.
[14] 梅秋丽，龚自洪，刘尚焱，等. 区块链平台安全机制研究[J]. 信息安全研究，2020，6(1)：25 - 36.
[15] Saad M, Spaulding J, Njilla L, et al. Exploring the attack surface of blockchain: A systematic overview [J]. IEEE Communications Surveys & Tutorials, 2020, 22(3):1977 - 2008.

第 *4* 章　工业信息安全的事后化解

前面的章节讨论了工业信息安全的事前预防措施和事中监测措施,它们有助于预防和检测潜在的威胁。然而,没有任何系统是百分之百安全的,因此必须准备好应对潜在的安全事件。本章将深入探讨工业信息安全的事后化解措施,包括事件响应、恶意软件分析、安全事件日志的记录和溯源,以及修复和升级措施等方面,用以维护业务连续性。本章将讲述如何应对安全事件,追踪攻击者,修复漏洞,以及从过去的事件中吸取教训,以提升工业信息系统的整体安全性。

4.1　事后化解措施的重要性

在智能制造环境中,事后化解措施是保障工业信息安全的一个重要组成部分。事后化解措施不仅涉及对已发生事件的响应,还包括通过总结这些事件来改进未来的安全策略。

概括来说,事后化解措施的重要意义在于:通过对安全事件的透彻分析,可以识别攻击的来源、方法和影响,从而提高对未来类似威胁的防御能力。基于事后分析的结果,对系统进行加固,修复漏洞,增强安全措施,以防止未来的安全威胁。在安全事件发生后,企业还需向利益相关者(包括客户、合作伙伴和监管机构)提供事后报告,表明企业对安全事务的透明度和责任感。

事后化解措施不仅是对已发生安全事件的响应,更是一个全面提升工业信息安全水平的过程。通过对事件的深入分析和总结,企业可以增强其对未来安全威胁的防御能力,并确保业务的连续性和稳定性。

维护业务连续性是安全事件发生后的关键目标。为了维持业务连续性,需要采取下列事后保障措施。

（1）业务影响分析：业务连续性计划的第一步是进行业务影响分析（BIA），确定哪些业务和流程对组织的持续运行至关重要。这需要识别关键的数据、系统、设备和员工，以及他们之间的相互依赖关系。

（2）制定应对策略：基于业务影响分析和风险评估，组织需要制定应对策略，以确保关键业务能够在不同情况下继续运行。针对关键数据和系统，业务连续性计划应包括定期备份和恢复策略，以确保数据的完整性和可恢复性。

（3）替代运营地点：在某些情况下，主要运营地点可能不再可用，因此需要安排备选的运营地点，以确保业务的连续性。这可能包括备用办公室、云基础设施和其他设备。

（4）监测和报告：组织需要建立监测和报告机制，以确保在发生紧急情况时能够及时通知相关方，包括员工、管理层、合作伙伴和监管层等。

（5）恶意软件分析与取证：恶意软件分析与取证包括对疑似恶意代码的行为、功能和来源进行深入研究，以理解其工作原理和潜在危害。这一过程涉及收集恶意软件样本、使用沙箱环境测试其行为、利用逆向工程技术来解析其代码结构等。恶意软件分析的目的是制定有效的防御措施和修复策略，而取证则旨在追踪攻击者身份，为法律诉讼提供支持，同时防止未来攻击的发生。

（6）安全事件日志和溯源：安全事件日志和溯源涉及收集和分析安全事件的日志数据，以追踪并理解安全事件的发生过程和原因。这个过程对于确定攻击路径、涉及的系统和受影响的数据十分重要，并能帮助识别系统的薄弱点。准确的日志分析和溯源对于防止未来的安全威胁、加强防护措施以及满足合规性要求都有着重要意义。

（7）修复和升级措施：修复和升级措施包括对受安全事件影响的系统和软件进行补丁应用、系统修复以及安全升级，以消除漏洞并恢复业务运行。这些措施对于恢复受攻击系统的安全性和功能性非常重要，并能防止同类安全事件再次发生。定期的修复和升级是维护系统安全、确保业务持续性和数据完整性的基础性保障。

业务连续性计划的目标是最小化安全事件和紧急情况对业务的影响，确保组织能够持续提供产品和服务，同时保障员工和资产安全。这是维护工业信息安全的重要组成部分。

4.2 事件响应与恢复计划

在工业信息安全管理中,应急响应与恢复计划是事后化解措施的重要组成部分。有效的应急响应能够最小化安全事件带来的影响,而科学的恢复计划则确保企业能够在事件后迅速恢复正常运营,维持业务连续性和工业制造的稳定性。

4.2.1 应急响应团队的组建

成功的应急响应始于一个强有力的应急响应团队。这个团队通常由跨职能的成员组成,包括但不限于安全分析师、系统工程师、法律顾问和危机管理专家[1]。每个成员都应接受专业的培训,并了解自己在应急响应过程中的角色和责任。应急响应团队的安全分析师、系统工程师、法律顾问和危机管理专家主要做两类工作:一类是快速响应,负责在安全事件发生时提供快速响应,评估情况,并采取必要措施以控制和缓解安全事件的影响;另一类是事件管理,负责管理整个安全事件的生命周期,从检测、响应到恢复和后续分析。

应急响应团队的职责在于:①实时监控,监控网络和系统活动,以便及时发现安全事件;②事件评估,确定事件的严重性和影响范围,评估对业务的潜在影响;③决策制定,在事件发生时制定应对措施,包括立即的响应行动和长期的修复策略;④沟通协调,确保在应急响应过程中与所有关键利益相关者进行有效沟通。

因此,应急响应团队在工业信息安全中起到稳定器和救援员作用。通过有效的管理和响应安全事件,应急响应团队不仅可以减少事件造成的损害,还可以通过持续学习和改进,为企业建立更强大的安全防御体系。

4.2.2 事件识别和评估

有了应急响应团队后,发生安全事件后,首先要确定发生了什么样的安全事件。这需要用到一些工具和手段,常见的有:①检测工具,部署先进的入侵检测系统(IDS)和入侵防御系统(IPS),以实时监控网络流量,并检测任何潜在的攻击和异常行为。这些工具可以识别可能的入侵和威胁。②日志分析,建立系统来记录和分析关键事件和日志。这可以帮助在事件发生后快速发现异常情况，追踪攻击者的行为，以及识别受影响的系统和数据。③威胁情报，订阅和积累有关最新威胁和漏洞的情报。这些信息可以帮助组织更好地识别潜在的威胁并采取预防措施。

一旦事件被识别后，紧接着就是评估事件的严重性和紧急性。这主要是把安全事件进行分类和分析事件的影响。在事件分类上，对事件按照严重性和紧急性进行分类，以确定响应的优先级。这有助于确定响应计划的紧迫程度。在影响分析上，评估事件对生产和业务的潜在影响，以决定响应级别。这需要考虑生产中断、数据泄露、声誉损害等因素。

需要注意的是，在事件识别和评估阶段，快速行动很重要，有助于防止损失和威胁进一步扩大。

4.2.3　应急响应流程

应急响应流程是一套标准化的操作步骤，旨在指导团队成员在安全事件发生时如何行动[2]。这一流程通常包括以下几个关键步骤：①警报和初步评估，一旦监测系统发现潜在的安全事件，应急响应团队将被立即通知。团队需要迅速评估事件的严重性和紧急程度，并决定是否升级为安全事件。②遏制，如果事件得到确认，团队则需要迅速行动，采取必要措施限制事件的影响范围。这包括断开网络连接、关闭受影响的系统、隔离恶意流量等。③根除和恢复，事件遏制后，团队需进一步排除安全威胁的根源，如删除恶意软件、修补漏洞。随后，开始恢复受影响的系统和数据，确保所有业务可以安全地恢复运行。④复盘和改进，安全事件处理完毕后，应急响应团队需要对事件响应进行复盘，总结经验教训，改进应急响应流程和安全措施，增强未来的安全防御能力。

4.2.4　恢复和改进

事件响应与恢复计划的最后一个阶段是系统的恢复和持续改进。以下是一些关键要求。①核查系统：对受影响的系统进行详尽的审核和检查，确保其安全性。这包括对漏洞的修复、更新和升级系统。②教训学习：从以往的事件中汲取经验教训，改进安全措施，以预防将来的类似事件发生。这包括定期的回顾和演练。③数据备份：确保数据备份和恢复机制是可用和可靠的，这有助于快速恢复数据，以降低数据损失。

完善的事件响应与恢复计划将有助于组织更好地应对潜在的威胁和安全事件,减少潜在损失,并快速恢复正常运营[3]。这个计划不仅仅是一份文件,更是一种准备应对威胁的战略。因此,每个工业组织都应该制定和不断完善这样的计划,以确保其工业信息系统的安全稳定。

最后,需要注意的是,应急响应与恢复和改进在工业信息安全管理中是相互关联,又功能不同的两个阶段。应急响应[4]主要集中在安全事件发生时迅速采取措施,遏制威胁,减少损害,并保持关键业务运行。这个阶段侧重于采取立即的、短期的解决方案。相比之下,恢复和改进阶段着眼于事件之后的长期处理,包括修复受损系统,重新评估和强化安全策略,以及基于此次事件的经验进行持续的安全改进[5]。简而言之,应急响应主要是处理当前危机,而恢复和改进则专注于未来的预防和强化。

4.3 恶意软件分析与取证

前文已述,在工业信息安全中,恶意软件是一种潜在的威胁,可能对工业控制系统和智能制造设施造成严重损害。因此,恶意软件分析和取证是一项重要的安全措施,用于识别、理解和应对这些威胁。

4.3.1 恶意软件分析与取证概述

恶意软件(malware)是一种恶意设计的软件,其目的是在未经授权的情况下访问、损害、破坏或窃取信息和资源。恶意软件可以采取多种形式,包括病毒、蠕虫、特洛伊木马、勒索软件和间谍软件等,每种类型都有不同的攻击方式和特征。在工业领域,恶意软件可能袭击工业控制系统(ICS),如 PLC 和 SCADA 系统。这些系统控制着生产过程,包括供应链、生产线和设备。因此,工业恶意软件能导致生产中断、设备故障甚至人员伤亡。

恶意软件分析和取证对保护工业信息安全必不可少,因为它有助于工业组织理解恶意软件的攻击方式和意图,采取适当的安全措施,以防范未来的威胁,并支持法律诉讼,追踪攻击者并维护安全事件的证据链。因此,组织应该建立并维护恶意软件分析和数字取证的能力,以确保其工业系统的安全性和稳定性。

如果将恶意软件分析的重要性比作医生诊断疾病,这就像医生通过检查症状、进行实验室测试来确定病因并制定治疗方案一样,恶意软件分析师检查计算机系统的异常行为,使用特定的工具来识别恶意软件的类型和功能。这个过程对于确定攻击的本质和特点,防止进一步的损害,并制定有针对性的防御措施非常重要,正如及时准确的诊断对治疗疾病至关重要一样。

恶意软件分析和取证是工业信息安全的事后化解措施之一,用于检测、分析和应对恶意软件的存在和活动。在安全事件发生后,需要对恶意软件进行分析,以了解其功能和威胁程度。同时,取证工作也是重要的,以支持后续的调查和法律诉讼。这一措施又可以分为恶意软件分析和恶意软件取证两部分。

恶意软件分析包括以下方面。①检测恶意软件。定期扫描工业系统和网络,使用恶意软件检测工具,查找潜在的病毒、蠕虫、特洛伊木马和其他恶意代码。②恶意软件样本收集。收集潜在的恶意软件样本,包括病毒签名、恶意文件和网络流量捕获,以开展进一步的分析。③静态分析。对恶意软件样本进行静态分析,研究其代码、文件结构和行为特征,以识别恶意功能和潜在威胁。④动态分析。在隔离的环境中执行恶意软件样本,监视其行为,以确定其活动和影响。这可以包括网络活动、系统变化等。⑤行为分析。分析恶意软件如何与工业系统交互,以了解其攻击方式和目标。

恶意软件取证包括以下方面。①数字取证。使用数字取证工具和技术,从受感染系统中提取证据,以确定恶意软件的来源、传播途径和攻击活动。②链式证据。创建恶意软件活动的时间线,以追踪事件的发展过程,包括感染时间、传播途径和受感染系统。③证据保全。确保取证过程中的证据完整性和保密性,以支持任何可能的法律诉讼和合规调查。④法律合规。遵循适用的法律法规,确保依法合规地处理恶意软件攻击事件,包括通知相关监管机构和客户。⑤安全改进。基于分析的结果,改进安全策略、程序和控制机制,以防止未来的恶意软件事件。

4.3.2　恶意软件分析方法

恶意软件分析是一种过程,旨在分析和理解恶意软件的功能、行为和攻击方式[6],一般采取以下步骤。①恶意样本收集。收集可疑文件或网络流量,可能包含恶意软件。这些样本可以是恶意电子邮件附件、下载的文件或从受感染系统中提取的文件。②动态分析。运行恶意软件样本以监视其行为。这包括观察恶意软件的文件系统活动、注册表更改、网络通信和系统进程。③静态分析。对恶意软件样本的文件进行静态分析,以识别其代码结构和特征。这包括反汇编、反编译和代码分析。④行为分析。确定恶意软件的实际行为,包括其攻击目标、数据损坏、文件传输和通信,这有助于理解恶意软件的意图。⑤威胁情报对比。比较已知的威胁情报数据库,以查看是否有关于相同或相似恶意软件的信息。

其中,静态分析和动态分析的区别在于:静态分析着重于在不执行恶意软件代码的情况下分析其属性,如代码结构、使用的库和潜在的功能。这种方法通常用于快速识别恶意软件的类型和功能。动态分析则是在受控环境中执行恶意软件,实时观察其行为,如网络通信、文件操作和系统修改。这种方法可以提供更深入的洞察,但需要更高的技术专业知识。两者结合使用可以提供全面的恶意软件分析。

4.3.3 恶意软件分析工具

在进行恶意软件分析和取证时,有许多工具和平台可供使用。这些工具包括动态分析工具、静态分析工具、反汇编工具、流量分析工具和取证工具[7]。比如,Wireshark 用于网络流量分析,以监视恶意软件的通信;IDA Pro 用于反汇编和静态分析,以查看恶意软件的代码;Cuckoo Sandbox 用于动态分析,以运行和监视恶意软件样本的行为;EnCase 用于数字取证,以支持数据收集和分析。

需要进一步说明静态分析工具和动态分析工具。静态分析工具用于检查恶意软件的代码和属性而不执行它;动态分析工具通过运行恶意软件在安全的环境中观察其行为。签名基础的扫描器、行为分析工具、沙盒测试环境和逆向工程工具,既可能是静态分析工具,也可能是动态分析工具[8]。

4.3.4 数字取证

在对恶意软件样本进行分析时,数字取证是一个重要内容,用于维护数据的完整性和可用性,以支持后续的法律诉讼和追溯[6]。数字取证一般包括以下步骤。①证据保护。确保对取证系统和数据的安全和完整性,以防止被修改或破坏。这包括创建数据备份和使用只读存储介质。②证据收集。收集所有与案件相关的证据,包括存储设备、网络通信记录、系统日志和恶意软件样本。

③分析和文档。对证据进行详尽的分析，并记录所有结果和发现。这包括恶意软件的分析报告、恶意代码的详细说明以及相关的时间线。④链式保管。确保保管所有证据，以便在法庭上提供完整的调查链条。这有助于确保证据的可信度和可用性。⑤法律遵从。遵循法律程序，以确保数字取证的合法性和可接受性。

为了便于理解，可以将数字取证比作生活中的侦探工作。想象一位侦探正在破解一起案件，他会收集现场的指纹、脚印或其他线索，然后通过分析这些线索来重建犯罪发生的情况。在数字取证中，侦探们收集的是电子数据，如电脑硬盘、电子邮件和云存储中的信息。他们分析这些数字线索以揭露和重建可能的非法活动，如网络攻击、数据泄露或欺诈行为。这个过程要求细致且专业，以确保收集的信息准确无误，可以作为法庭上的证据。

4.4　安全事件日志和溯源

工业信息安全事件的发生不可避免，因此，建立有效的安全事件日志和溯源机制对于快速检测、应对和恢复工业安全事件至关重要。本节将探讨如何建立和管理安全事件日志，以及如何进行有效的溯源以确定事件的根本原因和责任。

4.4.1　安全事件日志的重要性

安全事件日志是记录系统和网络活动的关键工具，可帮助组织监测潜在威胁、识别异常行为以及进行后续调查和溯源。安全事件日志的重要性体现在以下方面：①实时监测。安全事件日志允许组织实时监测网络和系统的活动，以及异常事件的发生。②攻击检测。日志数据可用于检测潜在的入侵和攻击，包括恶意软件的活动和不明访问尝试。③法律和合规性要求。许多法规和标准要求组织记录和保留特定的日志数据以符合法律要求。④事件调查。在发生安全事件时，日志数据可以用于调查事件，确定威胁来源和受影响系统。

把安全事件日志比作是生活中的日记可以帮助理解其作用。就像日记详细记录每天发生的事件、活动和感受，安全事件日志记录计算机系统中发生的所有活动，包括正常操作和潜在的安全威胁。这些记录对于事后分析系统的安全状况、识别和解决问题很有帮助,正如日记帮助人们回顾过去,理解经历并从中学习。

4.4.2　安全事件日志的收集和管理

建立有效的安全事件日志,需要进行一系列工作,这主要包括:①数据收集。确定需要收集哪些日志数据,包括系统日志、网络流量数据和应用程序日志。②数据存储。设计一个安全的、可靠的数据存储系统,以确保日志数据不会丢失或不被篡改[9]。③数据保留策略。制定保留策略,以确定何时删除旧的日志数据来释放存储空间。④日志保护。确保日志数据受到适当的访问控制和加密,以防止未经授权的访问或篡改。

前面我们将安全事件日志比作写日记,那么安全事件日志的收集和管理就好比为日记收集素材,比如拍照和日记整理。首先,就像拍照记录生活中的重要时刻,安全事件日志收集网络和系统中的重要事件。然后,就像我们将照片整理归档到日记中,方便以后查找和回忆,安全日志的管理也是将这些记录整理和存储,以便在需要时分析和回溯,帮助识别和解决安全问题[10]。

4.4.3　溯源的重要性

一旦安全事件发生,就需要溯源。溯源是确定事件原因和追踪责任的过程。将溯源比作生活中的侦探工作,就像侦探在解决案件时追踪线索,从发现的证据中重建犯罪发生的经过一样,网络安全专家通过溯源追踪攻击者的路径和方法,了解攻击如何发生和进行。这个过程帮助确定攻击源头,并有利于采取措施防止未来的攻击,就如同侦探通过线索找到嫌疑人并防止他们再次作案。溯源的重要性表现在以下方面:①事件原因分析,溯源可帮助组织确定安全事件的根本原因,以便采取适当的修复措施。②责任界定,溯源有助于确定事件的责任方,明确法律责任,从而支持后续的法律程序或内部纪律措施。③学习和改进,通过分析安全事件并溯源,组织可以从中学习总结,并改进其安全措施以防止未来的事件。安全专家了解攻击者的策略、使用的工具和攻击的动机后,能够更好应对当前的威胁并预防未来的攻击[11]。

4.4.4　溯源的步骤

溯源通常包括以下步骤:①数据收集。收集有关事件的所有可能数据,包括安全事件日志、网络流量数据、系统快照和其他相关信息。②数据分析。对收集的数据进行分析，以确定事件的时间线和相关活动。③原因识别。通过分析数据和相关信息，确定事件的根本原因，包括漏洞、恶意软件和人为失误等。④责任追踪。确定事件的责任方，以便采取适当的法律或纪律措施。⑤修复和改进。基于溯源的结果，采取措施来修复漏洞和改进安全措施，以减少未来事件的风险。

　　溯源的各个要素之间的关联关系就像解决一起谜案的侦探工作。首先，侦探收集现场的所有证据（数据收集），如指纹、脚印等。然后，通过仔细分析这些证据（数据分析），侦探开始理解案件发生的方式。接着，他们识别出真正的犯罪原因（原因识别），并追踪到责任人（责任追踪）。最后，侦探提出预防此类犯罪再次发生的建议（修复和改进），如增加监控或改进警戒措施。这个过程从头到尾都是相互关联、相互依赖的。

4.4.5　溯源工具

　　进行溯源时，需要使用各种工具和技术，包括：①日志分析工具，用于分析安全事件日志以确定事件的时间线和相关活动。②网络分析工具，用于分析网络流量数据，以识别异常和不寻常的活动。③取证工具，用于确保数据的完整性和可接受性，以支持法律程序。④系统快照工具，用于创建系统的快照，以便在事件发生时了解系统状态。⑤溯源专业知识，拥有专业知识的安全团队，可以更好地进行溯源和事件调查。

　　可将溯源工具的关联关系比作侦探工作中的各个环节。日志分析工具就像侦探用来审查案件记录的工具，它们揭示了事件的时间线和关键活动。网络分析工具则像现场调查，用于分析和理解犯罪发生的网络环境。取证工具相当于侦探用来收集具体证据的工具，例如指纹或 DNA 样本。系统快照工具就像拍摄案发现场的照片，保存了事件发生时的系统状态。而溯源专业知识[12]则是侦探的推理和分析能力，用于串联所有信息，解开整个案件的谜团。这些工具和技能共同作用，帮助侦探完整地解决案件。

4.4.6　溯源的挑战

　　尽管溯源对于保护工业信息安全非常重要，但它也面临一些挑战，主要包括以下方面：①数据丢失。如果日志数据不足或未能记录事件的所有细节，溯源将受到限制。②数据篡改。攻击者可能会试图篡改日志数据以隐藏其活动，因此需要确保数据的完整性。③隐私和合规性。在进行溯源时，组织需要考虑隐私保护和合规性问题，以确保符合法律法规要求。④分散的环境。在大型工业系统中，数据可能分散在多个位置，这增加了溯源的复杂性。

同样地，可以把溯源的挑战比作一个侦探解决复杂谜题的过程。数据丢失就像关键证据的失踪，让案件更难解开。数据篡改相当于犯罪现场被人为篡改，误导侦探。隐私和合规性问题就像侦探在调查时必须遵守法律规定，不能侵犯他人隐私。分散的环境则类似于案件线索分布在不同地点，侦探需要在多个地点收集信息。这些挑战需要侦探具备高超的推理能力和技术，以及深入理解法律要求。

4.4.7 溯源的最佳实践

实施有效的溯源，组织可以采用以下最佳实践：①实施安全事件日志记录。确保所有关键系统和网络都记录安全事件日志，包括成功和失败的登录、访问尝试和其他安全相关事件。②数据保护。确保日志数据受到适当的保护，以防止未经授权的访问和篡改。③定期练习。进行定期的安全事件演练，以测试溯源流程和团队的准备情况。④持续改进。基于事件调查和溯源结果，不断改进安全措施以提高系统的安全性。⑤合规性遵循。确保溯源过程符合适用的法律法规和合规性要求，特别是数据安全和隐私保护法律。

通过建立有效的安全事件日志和溯源机制[13]，组织可以更好地应对工业安全事件，降低潜在威胁带来的风险，并提高其智能制造系统的安全性和稳定性。

如果将溯源的最佳实践比作侦探的工作，那么实施安全事件日志记录就像侦探记录案件的所有细节和发展。数据保护类似于保护证据不被破坏或丢失。定期练习相当于侦探定期进行模拟案件练习，以保持其技能敏锐。持续改进就像侦探不断学习新技术和方法以提高破案效率。合规性遵循则是侦探在调查过程中遵守法律法规，确保调查合法有效。这些实践共同构成了侦探成功解决案件的关键。

4.5　修复和升级措施

在工业信息安全事件发生后,迫切需要采取恰当的修复和升级措施。本节将详细探讨如何有效地应对安全事件,修复受影响系统,升级安全措施以提高安全性。

4.5.1　安全事件的应对策略

安全事件的应对策略涵盖了多个关键工作,包括但不限于以下内容:①事件确认。首先,必须确认是否发生了安全事件以及事件的性质和规模。这通常涉及安全事件检测和溯源。②威胁评估。评估事件的威胁程度,包括潜在的损害和影响。这有助于确定事件紧急性。③隔离。在事件确认后,必须隔离受影响的系统和网络,以阻止事件扩散。④修复。针对事件引发的漏洞和受影响系统,必须迅速采取修复措施,包括打补丁、修正配置错误等。⑤数据恢复。如果事件导致数据损失,必须采取措施来恢复数据,这可能包括数据备份的使用。⑥通信。在事件应对过程中,组织需要进行有效的内部和外部沟通,以确保相关方了解事件情况。

打个比方,可以将这些安全应对策略比作消防队处理火灾的步骤。事件确认就像消防队接到报警后首先确认火灾发生的位置一样,安全团队首先确认安全事件的存在和初步性质。威胁评估就像消防队到达现场后评估火势的大小和蔓延速度,安全团队评估威胁的严重程度和可能的影响范围。隔离好比消防队员会封锁火灾区域以防火势蔓延,类似地,安全团队隔离受影响的系统和网络以防威胁扩散。修复就像消防队灭火后检查和清理现场以防复燃,安全团队修复漏洞或解决安全问题,防止安全事件再次发生。数据恢复类似于火灾过后恢复建筑的正常使用,安全团队恢复丢失或损坏的数据,使系统恢复正常运作。通信就像消防队完成任务后向公众通报情况一样,安全团队也会与相关方沟通事件的细节、影响和采取的措施。这一系列步骤相互关联,共同确保了有效的事件应对和系统的快速恢复。

4.5.2 系统修复和升级

在面临工业信息安全事件时,系统修复和升级是恢复正常运行并加强未来安全性的重要步骤。以下是有关系统修复和升级的常用措施:①及时修复漏洞。根据事件引发的漏洞,必须尽早应用安全补丁,关闭漏洞,阻止类似事件再次发生。②配置审查。重新审查系统和网络配置,确保安全性和合规性。这可能包括访问控制、身份验证策略等。③强化访问控制。强化访问控制措施,确保只有授权人员可以访问关键系统和数据[14]。④加强监测。提高安全事件监测和检测的能力,以更早地识别潜在的威胁。⑤数据备份和恢复策略。更新数据备份策略,并确保可以快速恢复关键数据,以减轻数据丢失的风险。⑥培训与意识提升。提供员工安全意识培训,以减少内部威胁和人为失误的风险。⑦采用最新技术。在系统升级时,采用最新的安全技术和最佳实践,以提高整体安全性。

打个比方,可以将以上的安全应对策略比作从安防角度维护和更新一座大楼的步骤。及时修复漏洞就如同发现大楼结构上的细微裂缝后,立即进行修补,以防止进一步损害发生。配置审查则相当于检查大楼的电气系统和管道,确保所有配置都是安全合理的。强化访问控制犹如升级大楼的安全门禁系统严格限制进出,只允许经过授权的人员进入特定区域。加强监测则类似于在大楼安装更多监控摄像头,以便更好地观察和记录活动。数据备份和恢复策略则是为大楼的关键文件和资料创建副本,以防万一原件丢失或损坏时,能迅速恢复。培训与意识提升活动则相当于定期对大楼的工作人员进行安全教育培训,增强他们对潜在风险的意识。采用最新技术则如同选用最新的建筑材料和安防技术来升级大楼,使其更安全、更现代化。这些措施共同工作,确保大楼的结构稳固、功能先进、安全可靠,就像系统修复和升级共同确保网络系统的安全、高效和现代化。

4.5.3 持续改进

安全事件的应对不仅包括恢复受影响系统,还涵盖了持续改进,以增强未来的安全性。以下是持续改进的常用措施:①安全政策更新。审查和更新安全政策,以确保其反映了新的威胁和最佳实践。②定期审查。定期审查安全措施和事件应对过程,以发现和纠正潜在问题。③定期演练。进行定期的安全事件演练,以测试团队的准备情况,并改进应对策略。④信息分享。参与信息共享和威胁情报社区,以获取来自其他组织的安全情报。⑤监测新威胁。持续监测新的威胁和漏洞,以适应不断变化的威胁景观。

通过采取综合的修复和升级措施,并实施持续改进策略,组织可以更好地应对工业信息安全事件,提高工业制造系统的安全性和弹性[15]。这些步骤有助于降低潜在威胁的影响,并增强组织对未来安全挑战的应对能力。

打个比方,可以从建筑大楼的安防角度,将以上的安全应对策略作为比喻。安全政策更新就犹如建筑管理团队根据最新的安全标准,不断修订和完善大楼的安全政策。定期审查则类似于定期检查大楼的安全系统和结构完整性,确保其符合当前标准。定期演练相当于进行定期的紧急疏散演练,确保员工知道如何在紧急情况下安全撤离。信息分享则如同大楼管理者分享安全提示和更新,提升居住者和员工的安全知识。监测新威胁类似于监控大楼可能面临的新型安全威胁,如电子设备的安全漏洞。

4.6　案例研究——DEF 公司的安全事故回应

DEF 公司①是一家重要的机械制造企业,其生产线高度依赖自动化和网络化控制系统。本案例聚焦于 DEF 公司如何有效应对一起严重的网络安全事件,并采取事后化解措施以防止未来的安全威胁。

1) 事件概述

事件发现(时间:4 月 3 日,上午 9∶30):在一次由第三方安全公司进行的常规安全审计中,发现公司核心生产系统遭受复杂网络攻击,导致部分敏感数据泄露和短暂生产中断。

攻击性质:初步分析表明,攻击显示出精心策划和针对性,暗示攻击者可能具有深入的系统知识和高级技能。

2) 应急响应

立即响应(时间:4 月 3 日,上午 9∶45):安全团队启动紧急响应计划,立即

---

① DEF 公司是一个虚拟的公司名称。

隔离受影响的网络区域,并关闭关键系统的外部连接。

损害评估(时间:4月3日,上午10:15至下午3:00):进行全面系统检查,确认数据泄露范围和生产影响程度。专家团队对受损系统进行深度分析。

沟通策略(时间:4月3日,下午4:00):公司向客户、合作伙伴和公众通报事件,并承诺透明化处理和采取有效防御措施。

3)事后化解措施

技术修复(时间:4月4日至4月10日):对所有系统进行全面的安全更新和补丁应用,强化网络防御措施。

数据恢复(时间:4月5日):利用备份数据恢复丢失的信息,验证数据完整性和准确性。

安全加固(时间:4月11日至4月30日):更新入侵检测系统,开展员工安全培训,修订安全政策和应急流程。

审计与评估(时间:5月1日至5月15日):进行深入的安全审计,识别攻击的根本原因,评估新安全措施的效果。

通信和合作(时间:5月16日起):与外部安全机构和行业组织加强合作,共享情报以防御未来攻击。

通过这次事件,DEF公司意识到即使是高度自动化和数字化的生产环境也有脆弱之处。实施事后化解措施不仅修复了直接损害,还增强了公司对未来安全威胁的防御能力。这一案例体现出事后化解措施在处理安全事件和防止未来风险中的重要性。

参考文献

[1] 王继武. 基于物联网的网络通信信息安全体系建设研究[J]. 信息与电脑(理论版),2020,32(13):166-168.

[2] 谢瑞璇. 建立有效及时的网络安全应急响应体系[J]. 中国信息安全,2020(3):47-49.

[3] 全国信息安全标准化技术委员会. 信息安全技术网络安全等级保护基本要求:GB/T 22239—2019[S]. 北京:中国标准出版社,2019.

[4] 马力,祝国邦,陆磊. 《网络安全等级保护基本要求》(GB/T 22239—2019)标准解读[J]. 信息网络安全,2019(2):77-84.

[5] 褚英国,陈正奎. 关于网络与信息安全应急预案的研究与实践[J]. 计算机时代,2009(12):18-21.

[6] 麦永浩. 计算机取证与司法鉴定[M]. 北京:清华大学出版社,2014.

[7] 张仁斌. 计算机病毒与防病毒技术[M]. 北京:清华大学出版社,2008.

[8] 奚小溪. 恶意软件的行为与检测技术分析[J]. 安徽建筑工业学院学报(自然科学版),2012(6):

52－55.

［9］王越,赵静,杜冠瑶,等.网络空间安全日志关联分析的大数据应用[J].网络新媒体技术,2020(3):
     5－11.

［10］吉港.基于 ELK 的安全日志分析技术研究[D].南京:南京理工大学,2021.

［11］明华,张勇,符小辉.数据溯源技术综述[J].小型微型计算机系统,2012,33(9):1917－1923.

［12］戴超凡,王涛,张鹏程.数据起源技术发展研究综述[J].计算机应用研究,2010(9):3215－3221.

［13］Hussein A A, Alwan E A, Jawad M J. Data provenance survey based on it's applications [J].
     Journal of Babylon University, 2016,24(7):1716－1735.

［14］何骞.网络安全态势评估若干关键技术研究[J].中国新通信,2016,18(14):42.

［15］胡影,孙彦,任泽君.GB/T36637—2018《信息安全技术 ICT 供应链安全风险管理指南》标准解读
     [J].保密科学技术,2019(5):16－21.

第 5 章　工业信息安全的态势感知

随着工业系统的数字化转型和智能化,工业信息安全面临的不再仅是针对物理风险和传统威胁的挑战,新的安全威胁和漏洞不断涌现,这使得维护工业信息安全变得更为复杂和关键。为了应对这些不断演化的威胁,工业企业必须具备深刻的洞察力,能够实时感知和理解安全态势。

本章将探讨工业信息安全态势感知的概念和重要性,以及如何建立有效的机制,来监测、分析和理解工业网络中的威胁和异常情况。在数字化工业环境中,工业安全态势感知是保护连续性运营和数据完整性的关键因素。工业企业需要拥有实时的安全情报,能够迅速采取行动,以应对潜在的风险。

5.1　现代威胁情报

在工业信息安全领域,威胁情报是一项十分重要的资源,用于帮助组织了解和应对不断演进的网络威胁[1]。本节将深入研究现代威胁情报,包括定义、来源、分析方法和实际应用,以便更好地理解如何将威胁情报纳入工业信息安全战略。

5.1.1　威胁情报的定义与重要性

现代威胁情报是指与网络安全相关的信息,包括威胁漏洞、攻击技术、恶意软件和威胁行为的详细描述[1]。这些信息有助于组织了解当前和潜在的威胁,从而更好地采取预防和应对措施。威胁情报分为战略性、运营性和战术性情报,应用于不同决策层面。

威胁情报的重要性体现在以下四个方面。①助力快速识别和响应安全事件。在安全事件发生时,拥有详尽的威胁情报可以帮助组织快速识别和响应安全事件,减少事件处理时间,降低对业务的影响[2]。威胁情报能够提供关于新出现和即将发生的安全威胁信息,帮助组织提前采取措施预防攻击,从而减少潜在的损害。②推动安全资源优化配置。组织通过了解常见的和严重的威胁类型,可以更有效地分配资源,以对抗可能遭受的攻击。③助力采取更有效的安全措施。通过分析威胁情报,安全团队能够更好地理解攻击者的策略和手法,从而制定更有效的安全策略和防御措施。④推动协同应对风险威胁。各组织通过共享信息,特别是分享威胁情报,能够加强协作、形成合力,共同对抗日趋复杂的网络威胁,进而提升整个行业的安全水平。

综上所述,威胁情报不仅有助于加强当前的安全防御,还能为应对未来的安全挑战提供建议,是现代网络安全战略的核心组成部分[2]。

5.1.2　威胁情报的来源

威胁情报来源于多个渠道,每个渠道都为构建全面的威胁分析和防御策略提供独特的视角和信息。以下是一些主要的威胁情报来源:

(1) 公共安全数据库和情报共享平台:如国际安全响应联盟组织(FIRST)、国家网络安全中心等,提供关于已知漏洞、恶意软件、攻击模式等方面的数据。

FIRST(Forum of Incident Response and Security Teams):作为一个国际性组织,FIRST 汇集了全球安全团队的资源和知识,提供了一个共享关键安全信息和最佳实践的平台。

公共安全数据库和情报共享平台是网络安全领域中收集、分析和共享威胁情报的重要资源[3]。这些平台通常由政府机构、安全组织或行业联盟运营,目的是提高整个社区对网络威胁的认识和防御能力。

(2) 安全社区和论坛:网络安全研究者和专业人士经常在专业论坛和社区中分享发现的新威胁、攻击趋势和解决方案。

① Stack Exchange-Security:Stack Exchange 是一个社区驱动的问答网站,其中包括 Security 分站,提供从入门到专业人士的各种安全问题的解答和交流。

② Reddit-NetSec:Reddit 是一个社区驱动的新闻平台和讨论论坛,其中包括 NetSec 分站,提供各种网络安全话题的讨论和分享。

③ OWASP：OWASP 是一个非营利性组织，致力于改善软件安全性。该组织提供了各种安全技术和工具的指南和文档，以及促进安全研究和交流的平台。

④ HackerOne：HackerOne 是一个安全测试和漏洞赏金平台，旨在帮助组织发现和修复其应用程序和系统中的安全漏洞。该平台也提供了一个社区，安全研究人员和专业人士可以在其中交流和分享安全知识和经验。

安全社区和论坛作为威胁情报的来源，是网络安全领域内信息共享和知识交流的关键平台。这些社区通常由网络安全专家、研究人员、IT 专业人士以及对网络安全感兴趣的个人组成。

（3）行业协会和组织：行业特定的协会和组织通常会收集和分析针对该行业的特定威胁信息。

① 信息系统安全协会（ISSA）：一个国际性的非营利组织，旨在改善全球信息安全。

② 国际数据通信安全协会（ISACA）：提供认证、教育和资源，以提升信息系统审计和信息安全专业人员的能力。

③ 计算机应急响应小组协调中心（CERT/CC）：致力于互联网安全威胁的响应和预防，提供威胁情报和安全实践。

④ 金融服务信息共享与分析中心（FS‑ISAC）：专注于金融行业，提供安全威胁情报、工具和最佳实践。

行业协会和组织作为威胁情报来源，在网络安全领域发挥着十分重要的作用[3]。这些组织通常由来自特定行业或专业领域的公司和个人组成，旨在通过协作和共享信息来提升整个行业的安全水平。

（4）政府机构和监管机构：政府网络安全机构发布的警报和指南，特别是针对国家安全和关键基础设施的威胁。

① 我国国家互联网应急中心（CNCERT/CC）是一个关键机构，是提供威胁情报的重要来源。该机构是中共中央网络安全和信息化委员会办公室直属事业单位，其主要职责包括：监测国内互联网的安全状况，发现网络安全事件；针对检测到的网络威胁和漏洞，向政府部门、相关企业及公众发布警报和通知；在网络安全事件发生时，协调各方面资源进行应急响应；参与制定国家网络安全政策和相关标准；以及与国际网络安全组织和机构开展合作，共享情报和资源。

② 美国国土安全局的网络安全与基础设施安全局(CISA)：负责提供网络安全威胁情报，发布警报和指南，并协调全国性的网络安全工作。

③ 英国国家网络安全中心(NCSC)：提供网络安全威胁情报，向政府和业务提供咨询和支持。

④ 澳大利亚网络安全中心(ACSC)：负责监控和应对网络安全事件，提供威胁情报和安全建议。

⑤ 欧洲网络和信息安全局(ENISA)：致力于加强欧盟成员国的网络和信息安全。

政府机构和监管机构在网络安全威胁情报的来源方面扮演着重要的角色。这些机构通常负责监督和保护国家和地区的网络安全，同时为公众和私营部门提供关键的安全信息。

(5) 商业情报服务：专业的网络安全公司提供的情报服务，包括实时监控、威胁分析和预测等。

① FireEye：提供先进的网络威胁情报服务，包括恶意软件分析和网络攻击预警。

② CrowdStrike：专注于提供云原生端点保护和威胁情报服务，帮助企业识别和防御复杂的网络攻击。

③ Recorded Future：利用机器学习和人工智能技术，提供实时网络威胁情报和风险评估。

④ Palo Alto Networks：通过其安全平台提供广泛的网络安全服务，包括威胁预防、云安全和情报分析。

⑤ 360TIP(360企业安全集团)：隶属于中国奇虎360的子公司，专注于为企业和政府提供包括网络安全威胁情报在内的全方位安全服务和解决方案。主要服务包括网络威胁情报分析、网络攻击检测、系统漏洞评估和安全咨询等。通过深入分析网络威胁和实时监测网络安全状况，该集团帮助客户提前识别潜在风险并制定有效的防御策略。

商业情报服务作为威胁情报的来源，提供专业、深入的网络安全信息和分析。这些服务通常由专业的网络安全公司提供，面向需要高级网络威胁分析和个性化解决方案的企业和组织。

(6) 蜜罐和入侵检测系统：蜜罐是一种故意设置的安全机制，用来模仿可能吸引黑客的系统、数据或网络资源。它的目的是诱使攻击者入侵，从而收集关于攻击者的方法、技术和行为的信息。通过部署蜜罐和入侵检测系统收集的信息，可以揭示攻击者的行为模式和攻击方法。

① Honeyd：一个开源的蜜罐工具，能够模拟多个 IP 地址和提供多种不同的虚拟服务和系统。

② Kippo：一个专门模拟 SSH 服务的蜜罐，用于诱捕攻击者并记录其活动。

③ Snort：一个广泛使用的开源网络入侵检测系统，可以实时分析网络流量和日志，检测各种攻击。

④ Suricata：另一个开源 IDS，支持实时入侵检测、网络安全监测和离线 PCAP 处理。

蜜罐和入侵检测系统是网络安全领域中重要的威胁情报来源，它们通过模拟易受攻击的目标和监测网络活动来识别潜在威胁。

（7）暗网和黑市监控：监控暗网和网络犯罪市场，可以发现正在出售的漏洞、被盗数据和新兴的攻击工具。

① Flashpoint：提供商业暗网监控服务，帮助组织了解和评估网络黑市的威胁。

② Terbium Labs：利用自动化工具监控暗网，寻找和分析关于数据泄露和其他网络威胁的信息。

③ Recorded Future：该公司的服务不仅包括对传统网络的威胁情报分析，还涵盖对暗网和网络黑市的监控。

暗网和黑市监控是网络安全中一个重要的威胁情报来源，能对隐藏于深网（Dark Web）和网络黑市的活动进行追踪和分析。这些区域常常是网络犯罪、非法交易和恶意软件传播的温床。

（8）日志文件和内部数据分析：企业内部的日志文件和安全事件记录也是重要的情报来源，能够提供关于内部安全威胁和异常行为的数据。

① Splunk：一种流行的日志管理和分析工具，可用于收集、搜索和分析大量的日志数据，以识别潜在的安全威胁。

② ELK（Elasticsearch，Logstash，Kibana）Stack：一套开源工具，用于处理和分析日志数据，提供实时的数据索引和可视化功能。

③ IBM QRadar：一个综合性的安全信息和事件管理（SIEM）解决方案，它分析日志和其他数据源以识别可疑活动。

日志文件和内部数据分析是网络安全中关键的威胁情报来源之一。它们涉及对组织内部生成的数据进行深入分析，以识别潜在的安全威胁和漏洞。

（9）媒体：媒体报道的大型网络攻击事件和安全漏洞也是获取威胁情报的一个渠道。

① The Hacker News：专注于网络安全和技术新闻的在线发布平台，提供有关网络攻击、漏洞和安全研究的最新消息。

② Wired-Security Section：《连线》杂志的安全版块，报道最新的网络安全新闻和趋势。

③ Krebs on Security：由美国知名网络安全记者布莱恩·克雷布斯（Brian Krebs）运营的博客，提供深入分析和有关网络犯罪的调查报道。

媒体作为威胁情报的来源，在网络安全领域扮演着重要的角色。这一渠道为公众提供有关最新网络威胁、漏洞、大规模网络攻击事件和网络安全趋势的信息。

（10）学术研究和白皮书：学术界和研究机构发布的研究论文和白皮书常常包含深入的安全分析和最新的研究成果。

① 谷歌零日团队（Google Project Zero）的研究报告：这个团队专注于发现和报告软件漏洞，其研究报告提供了对复杂漏洞的深入分析。

② Symantec 的《互联网安全威胁报告》：这份年度报告提供了全面的网络安全威胁分析，包括恶意软件、网络攻击和安全漏洞的趋势。

③ Kaspersky Lab 的安全白皮书：这些白皮书通常涵盖了特定的网络安全威胁和趋势，提供了丰富的技术细节和分析。

学术研究和白皮书是网络安全领域中的重要威胁情报来源。它们通常由学术机构、研究组织、安全公司和行业专家编写，提供深入专业的技术分析、趋势预测和安全策略建议。

以上各种来源的威胁情报相结合，为组织提供了全面的视角来识别、分析和防御网络安全威胁。

5.1.3　威胁情报的分析与利用

在智能制造环境中，威胁情报分析和利用是保障工业安全的关键环节。这一过程涉及从各种来源收集威胁数据，分析这些数据，然后将洞察结果应用于防御措施中，以提高安全态势感知能力。

如上文所描述,威胁情报收集涉及从多个来源获取数据,包括公共安全数据库、行业报告、政府发布的安全警告、暗网监控,以及企业内部的日志和事件报告。重点是要建立一个全面的威胁情报收集框架,以确保获取最广泛和最及时的信息。

1)威胁情报的分析

威胁情报分析包括威胁情报的数据整合、上下文分析和趋势识别等手段。

(1)数据整合。

威胁情报的数据整合,是指把来自不同来源的威胁信息汇总、分析和归纳,以提供更全面和准确的网络安全洞察信息。这个过程包括收集多种类型的数据,如网络流量日志、入侵检测系统警报、蜜罐数据、暗网信息,以及来自公共源和私有源的威胁情报。数据整合的目的是从这些不同的数据点中提取有价值的洞察信息,以便更有效地识别、防御和应对网络威胁。

假设一个组织使用了多种安全工具,如防火墙、入侵检测系统、端点保护软件和蜜罐。每个工具都收集关于潜在威胁的数据,如防火墙记录可疑的入站和出站流量;入侵检测系统警报可疑活动;端点保护软件识别恶意软件行为;蜜罐捕获对高交互假目标的攻击尝试。这些数据被整合到一个中央分析平台,如SIEM(安全信息和事件管理)系统。该系统对数据进行标准化和关联分析,发现一个特定的攻击模式,比如针对特定系统的定向攻击。然后,SIEM系统生成一个综合报告,包含攻击源、使用的技术、受影响的资产和建议的响应措施。这份威胁情报能够帮助组织更快地响应和缓解该安全威胁。

(2)上下文分析。

威胁情报的上下文分析[4]是指在对网络安全威胁进行评估时,考虑和分析这些威胁在特定环境中的具体意义和潜在影响。它不仅涉及识别威胁的技术细节,如恶意软件的特性或攻击者的行为模式,还包括分析这些信息对特定组织或环境的具体影响。这种分析有助于理解威胁的真实风险程度,以及如何有效地应对它们。

假设一个银行的安全团队接收到关于新型恶意软件的威胁情报。这种恶意软件专门针对金融交易系统,并且能够窃取凭证信息。威胁情报的上下文分析可以包括:①威胁的性质,团队分析恶意软件的技术细节,如其传播方式和窃取数据的能力。②受影响资产,评估银行哪些系统可能受到威胁,特别是涉及金融交易的系统。③业务影响,考虑如果这些系统受到攻击,将如何影响银行的日常运营,例如客户交易处理。④安全态势,基于银行现有的安全措施和策略,评估对抗此恶意软件的准备情况。⑤行业特定信息,考虑金融行业的特定风险和合规要求,以及类似威胁的历史案例。

通过这种上下文分析,银行能够更全面地理解这一威胁对其业务的具体影响,并制定出有针对性的响应策略,从而有效地减少潜在损害。

（3）趋势识别。

威胁情报的趋势识别涉及分析数据和信息,以识别网络安全领域中出现的模式和趋势。这包括监测和评估恶意软件活动、攻击方法、安全漏洞以及攻击者的行为模式。趋势识别的目的是预测未来可能的威胁和漏洞,以便组织能够提前采取防御措施,从而更好地保护自己免受网络攻击和安全威胁的影响。

假设一个安全研究机构在过去几个月里注意到一个显著的趋势:针对远程桌面协议（RDP）的攻击明显增加。该机构从多个来源收集数据,包括入侵检测系统警报、蜜罐操作记录,以及来自合作伙伴的情报分享。威胁情报的趋势识别可以这样进行:①数据累积,研究机构分析了数月来有关 RDP 攻击的数据和报告。②模式分析,他们注意到攻击者越来越多地利用 RDP 暴露端口进行网络渗透,特别是在远程工作环境中。③行为预测,基于这一模式,预测未来 RDP 攻击可能进一步增加,特别是在某些特定行业中。④风险评估,评估这种趋势对依赖远程工作解决方案的组织的潜在风险,建议采取相应的加强 RDP 安全措施的对策。

通过这种趋势识别,组织可以提前采取措施,如加强远程访问端口的安全性,实施多因素认证,增加监控和响应机制,以防范未来可能的攻击。

2）威胁情报的利用

威胁情报的利用主要是指把分析好的威胁情报转化为系统自动报警的触发条件、进行防火墙等设备的防御策略优化、对人员进行意识提升和培训等,简言之,就是如何利用发现的威胁情报,提高信息安全防御能力的措施。

（1）实时警报和响应。

威胁情报的实时警报和响应是网络安全中的关键组成部分,涉及及时识别、通报和处理网络安全威胁。这个过程旨在快速识别潜在的安全事件,并立即采取行动,以减轻损害和阻止攻击的进一步发展。

假设一个大型金融机构使用一个综合安全信息和事件管理（SIEM）系统来监控其网络环境。实时警报和响应机制包括以下内容:①实时监测。该 SIEM

系统持续监测网络流量和异常登录尝试。②警报生成。某天晚上,系统检测到来自一个非正常地点的多次失败的登录尝试,并自动生成警报。③快速评估。安全团队接收到警报,并迅速进行分析,确认这是一次潜在的凭据暴力破解尝试。④立即响应。安全团队立即采取行动,封锁来自该地点的所有流量,并要求涉及账户的持有者进行密码更改。⑤事后分析。事件解决后,安全团队分析了攻击的模式,并更新了安全策略,以提高对类似攻击的防御能力。

通过这种实时警报和响应机制,金融机构能够迅速识别并应对潜在的安全威胁,从而有效地保护其关键资产和客户数据。

（2）防御策略优化。

威胁情报的防御策略优化,是指利用收集到的威胁情报来改善和增强现有的网络安全措施,如更新防火墙规则、加强入侵检测系统的配置。这个过程涉及分析威胁情报,识别安全漏洞,评估现有防御措施的有效性,并据此调整和增强安全策略和实践。

假设一个电子商务公司在进行年度安全评估时,发现其网站面临着日益增长的 SQL 注入攻击威胁。防御策略优化包括以下内容。①分析威胁情报:通过监控网络安全新闻和订阅商业威胁情报服务,公司发现 SQL 注入攻击在其行业中日益普遍。②评估现有防御:评估现有的网络安全措施,发现虽然有基本的 SQL 注入防御,但在面对更复杂的攻击时可能不足以提供充分保护。③识别漏洞和弱点:安全团队进行深入测试,识别出网站代码中易受 SQL 注入攻击的部分。④调整安全措施:增强对 SQL 注入的防御,包括更新网站代码来消除漏洞、加强输入验证和实施更严格的数据库访问控制。⑤持续监控和改进:部署新的防御措施后,公司持续监控其效果,并根据最新的威胁情报进行调整。

通过这种防御策略优化,电子商务公司能够针对具体的威胁提升其网络安全水平,从而降低潜在的安全风险。

（3）培训和意识提升。

威胁情报的培训和意识提升是指将威胁情报的关键发现用于内部培训,教育组织内的员工和管理层关于网络安全的重要性,以及如何识别和应对各种网络安全威胁。这种培训旨在增强全体员工的安全意识,使之更好地识别潜在威胁,并采取适当的预防措施,从而加强整个组织的网络安全防御。

假设一个金融服务公司决定实施一项针对全员的网络安全培训计划。培训和意识提升包括以下内容。①培训安排:公司组织了一系列网络安全研讨会,内容涵盖了最新的网络威胁、公司的安全政策和员工在日常工作中应遵循的安全最佳实践。②互动式学习:这些研讨会包括互动式模拟练习,如识别钓鱼电子邮件的演练。③评估和反馈:培训结束后,进行在线评估,以确保员工理解并能够应用所学的安全知识。④持续更新:公司承诺将定期更新培训内容,并根据最新的威胁情报调整策略和程序。

通过这种全面的培训和意识提升计划,金融服务公司能够显著增强员工的网络安全意识和应对能力,减少安全事故的发生,更有效地应对潜在的网络威胁。

5.1.4　威胁情报应用案例:XYZ 工业企业的威胁情报应用

XYZ 公司[①]是一家领先的制造业企业,长期专注于高端机器研发制造。随着业务全球化和生产数字化推进,XYZ 公司开始依赖于复杂的网络基础设施和数据管理系统,这使得它们成为网络攻击的潜在目标。

XYZ 公司最近遭遇了一次精心策划的网络攻击,攻击者尝试通过植入恶意软件来破坏其制造系统,导致了数据泄露和生产中断。这次攻击对 XYZ 公司来说是前所未有的,暴露了其在应对高级持续性威胁(APT)时的薄弱环节。攻击的复杂性和精细度表明攻击者可能具有高级技能和深厚背景。

XYZ 公司的威胁情报应用包括以下措施。①情报收集与分析:XYZ 公司的安全团队迅速收集了与攻击相关的所有信息,包括恶意软件样本、网络日志和攻击模式。通过与外部威胁情报提供商合作,团队获得了关于类似攻击的更多细节。②识别攻击者和攻击手法:通过深入分析,XYZ 公司识别出攻击者可能利用了一个未公开的零日漏洞。团队还发现攻击者在过去几个月中悄然渗透和布置了攻击网络。③即时响应:利用这些情报,XYZ 公司及时切断了受影响区域的网络连接,阻止了攻击的进一步扩散。同时,安全团队利用特定的工具和策略清除了恶意软件。

威胁情报应用取得以下成效:①避免重大损失。通过快速响应,XYZ 公司成功防止了可能导致重大生产损失和财务损害的全面系统破坏。②提升安全防御。这次事件促使 XYZ 公司全面审视和加强其网络安全架构。企业更新了

---

① XYZ 公司是一个虚拟的公司名称。

防火墙规则,加强了入侵检测系统,并部署了先进的威胁监测工具。③员工培训和意识提升。XYZ公司加强了针对员工的安全意识培训,确保全体员工能够识别和报告可疑活动。

这次经历凸显了威胁情报在现代工业信息安全中的重要性。XYZ公司通过实施实时威胁监测、分析和快速响应,不仅能够有效应对当前的安全威胁,还能预防未来可能出现的攻击,从而保障生产系统的安全和稳定运行。此外,这一事件也展示了安全合作和信息共享在应对复杂网络威胁时的重要性,强调了持续的安全投资和员工培训在维护企业网络安全中的关键作用。

5.2 感知和监控工业网络

在工业信息安全领域,感知和监控工业网络旨在提供对工业控制系统(ICS)和工业自动化系统(IAS)的实时洞察,以及对潜在威胁和异常情况的早期检测,是一项不可或缺的任务。

5.2.1 工业网络感知和监控的目的

工业网络感知和监控有助于实时识别网络事件、异常行为和潜在的网络威胁,是维护工业系统的完整性、可用性和保密性的重要举措。

具体地说,工业网络感知和监控具有以下目的。①识别和预防网络攻击:工业网络监控可以实时检测可疑活动和异常流量,从而及时发现潜在的网络攻击,还可以通过监控系统分析网络流量模式,提供早期预警,帮助预防可能的入侵和攻击。②保护关键基础设施:监控关键基础设施的网络活动,确保其完整性和可用性,防止由于网络攻击导致的损坏或停机。许多工业环境需要遵守特定的安全标准,网络监控有助于确保这些标准和规定得到有效遵循。③支持安全决策和响应:监控提供的数据有助于企业做出基于事实的安全决策,比如调整安全策略或部署额外的防御措施。在检测到威胁时,监控系统可以启动自动响应机制或通知安全团队,以便迅速采取应对措施。④促进性能和可靠性:除了安全方面,网络监控还可以追踪工业系统的性能指标,帮助设备保持最佳运行状态。通过持续监控,可以预测设备的潜在故障,提前进行维护或更换,从而减少意外停机时间。

由此可见,工业网络监控的目的远不止于简单的安全防护,它在确保生产安全、优化操作效率和支持业务决策方面也发挥着重要作用。在智能制造的未来发展中,有效的工业网络监控将成为影响企业竞争力的关键因素之一。

5.2.2　实时监控系统

在智能制造的背景下,实时监控系统是保障工业安全的关键技术,能够持续监测工业控制系统的运行状态,及时发现潜在威胁,并对异常行为做出快速反应。实施工业网络感知和监控需要使用各种监控方法和工具,主要方法和工具包括:

1) 数据包分析

实时监控系统的数据包分析[5]是网络安全中的一个关键环节,涉及捕获和检查网络流经系统的数据包,以识别和响应潜在的安全威胁。这种分析可以及时揭示恶意活动,如网络攻击、异常流量模式和策略违规行为。数据包分析通常使用深度数据包检查(DPI)技术。

例如,一家金融机构部署了实时监控系统,以保护其关键网络基础设施。数据包分析包括以下措施:①数据包捕获,该系统实时捕获跨越其网络边界的所有数据包。②内容检查,系统检查每个数据包,寻找已知的恶意软件特征、非正常的大量数据传输或访问不寻常端口的尝试。③行为分析,在一个特定时段内,系统检测到一系列异常数据包尝试连接到内部服务器的非标准端口。④安全警报,系统立即生成警报,提示安全团队进行进一步检查。⑤响应和调查,安全团队对警报进行响应,调查显示这些尝试来自一个已知的恶意 IP 地址。团队随后采取措施阻断这些连接,并进一步加强网络防御措施。

通过这种实时的数据包分析和响应,金融机构能够及时识别并防范潜在的网络攻击,保护其关键资产免受损害。

2) 流量分析

实时监控系统的流量分析涉及持续监测和评估网络流量,以识别可能的安全威胁、异常行为和未授权的数据访问[6]。这种分析依赖于对网络流量的细致观察,包括流量的大小、方向、模式、频率和通信行为等。

例如,一家科技公司部署了一个实时监控系统,以保护其大型数据中心。该公司从以下方面开展流量分析:①流量捕获。该监控系统持续捕获数据中心进出的网络流量[6]。②模式识别与分析。系统在一天中午的常规时段内敏锐地发现了一个高流量的异常峰值。③异常行为检测。进一步分析显示这一高流量包含大量外发的数据请求，而且主要集中在数据库服务器。④安全警报。系统立即发出警报，提示潜在的数据泄露。⑤响应和调查。安全团队响应警报，通过进一步检查确认这是一次针对敏感客户数据的未授权访问尝试。团队迅速采取措施隔离受影响服务器，并启动紧急响应程序。

通过这种实时的流量分析和响应，科技公司能够及时发现并防范潜在的数据泄露，有效地保护其关键数据资产。

3）网络入侵检测系统（NIDS）

实时监控系统中的网络入侵检测系统（NIDS）是一个关键的安全工具，用于持续监测网络活动，以识别潜在的未授权访问、攻击，以及其他安全违规行为[7]。NIDS 分析网络流量和数据包，检查是否存在恶意活动和违反了网络安全策略的行为。

例如，一家大型零售公司部署了 NIDS 来保护其企业网络。NIDS 可以包括以下措施。①流量监控：NIDS 在公司的网络入口处监控所有进出的流量。②签名检测：系统使用最新的威胁数据库来检测可能的恶意软件、网络攻击或已知漏洞利用尝试。③异常检测：NIDS 观察到在非工作时间有大量的外部数据传输，这与正常的业务活动模式不符。④警报生成：系统立即向安全团队发出警报，提示潜在的数据泄露。⑤响应和调查：安全团队对警报进行响应，发现这是一次未授权访问企业敏感数据的尝试。他们随即采取措施阻止这次访问，并开始对事件进行深入调查。

通过部署 NIDS，零售公司能够及时识别并应对网络入侵威胁，从而保护公司的网络资产和敏感数据。

4）网络行为分析（NBA）

实时监控系统中的网络行为分析（NBA）是一种用于识别网络中的异常活动和潜在威胁的技术。它通过分析网络流量的模式和行为，来检测与正常网络活动不符的异常行为。这些异常可能是网络攻击、数据泄露或其他安全威胁的迹象。

例如，一家国际银行部署了网络行为分析工具，以增强其对网络威胁的防护能力。NBA 包括以下措施。①流量模式分析：该银行的 NBA 系统分析了数周的网络流量,建立了正常工作日和周末期间网络行为的基线。②异常行为检测:在一个周末,NBA 系统检测到了一些异常的网络活动,包括大量来自非典型地理位置的数据请求。③多维度监控:系统进一步分析这些请求的频率和类型,发现了与银行数据库的频繁交互,这与正常的工作日活动模式不符。④警报和通知:系统立即向安全团队发出警报,提示可能的数据泄露或未授权访问尝试。⑤响应和调查:安全团队响应警报,快速评估了情况,并采取了必要的防御措施,如临时封锁可疑流量,并启动了更深入的调查。

通过这种实时的网络行为分析,该国际银行能够及时识别并防范潜在的网络安全威胁,有效地保护其关键系统和金融数据。

5.2.3　数据采集和分析

数据采集和分析提供了对工业网络全局的洞察,使企业能够从宏观上把握其安全状态。通过分析数据,企业可以及时发现和响应潜在的安全威胁,防止事态扩大。数据分析结果有助于指导企业优化安全策略和措施,以应对不断变化的威胁环境。

1)数据采集方法

工业信息安全方面采集的数据主要有两类:网络流量数据和日志文件。网络流量数据是从路由器、交换机等网络设备上获取的。日志文件主要是从设备端,比如计算机、控制器等设备上读取的由操作系统生成的文件。

(1)网络流量数据采集。

网络流量数据采集[8]是网络安全管理中的一项重要活动,涉及收集和记录通过网络传输的数据。这些数据包括数据包的源和目的地信息、协议类型、端口号、传输大小和时间戳等。数据采集的目的是分析网络性能、监测网络安全、优化网络资源分配和识别潜在的网络问题。

例如,一家大型企业要监控其广泛的网络以确保安全和效率,其网络流量数据采集包括以下措施。①数据捕获:企业在关键网络节点部署 Wireshark 和内置流量监控功能的交换机,以捕获经过的数据包。②数据记录:通过 Splunk 收集和存储网络流量日志,确保所有数据包详细信息都被记录[9]。③时间标记:每个数据包在被 Wireshark 捕获时都被自动加上时间戳。④流量分类和分析:使用 NetFlow 分析器对捕获的数据进行分类和深入分析,识别流量模式和潜在的安全威胁。⑤数据汇总和报告:PRTG Network Monitor 用于生成流量和网络使用情况的综合报告,帮助企业评估网络性能和规划未来的网络容量需求[10]。

通过这种综合的网络流量数据采集和分析方法,企业能够有效地监控和管理其网络,确保安全并优化性能。

(2)日志文件数据采集。

日志文件数据采集是网络和系统管理的关键部分,涉及收集各种设备和应用程序生成的日志文件。这些日志提供了关于系统运行、用户活动、应用程序行为以及安全事件的详细信息[11]。通过对日志文件的分析,可以识别系统故障、安全漏洞、非法入侵和其他潜在问题[12]。

例如,一家电子商务公司要监控其网站和后端系统的安全和性能。日志文件数据采集包括以下措施。①日志源识别:公司确定了其 Web 服务器、数据库服务器和应用程序服务器作为关键日志源。②日志收集:公司部署了 Logstash 来收集不同服务器上的日志文件,并将其传输到中央日志管理系统。③标准化:Logstash 处理日志,确保所有来自不同服务器的日志都遵循统一的格式。④存储和管理:收集的日志被存储在 Splunk 系统中,以便用于安全和审计目的。⑤分析和监控:公司使用 Splunk 对日志数据进行实时分析,以监控网站性能、识别异常活动并及时响应可能的安全事件。

通过这种日志文件数据采集和分析方法,电子商务公司能够有效地监控其网络和系统,确保它们的安全性和高效运行[13]。

2)数据分析技术

工业信息安全方面的数据分析主要是把采集的数据进行关联分析、预测性分析以及可视化展示等。

(1)关联分析。

关联分析是数据分析技术中的一种方法,主要用于发现数据项之间的有意义的关联和规律。在网络安全领域,关联分析通常用于识别和理解不同安全事件和日志数据之间的关系,从而提供更深入的洞察,帮助预测和防御潜在的安全威胁。

例如,一家金融机构使用关联分析来提高其网络安全水平,可以包括以下措施。①数据收集:金融机构从其网络安全系统、交易数据库和应用服务器日志中收集数据。②特征提取:从这些数据中提取了关键特征,如登录尝试的时间和位置、账户操作类型、交易金额等。③模式识别:分析发现,一系列异常的大额交易紧随来自非典型地理位置的失败登录尝试之后。④规则生成：基于这一模式，生成了一个规则，用于识别类似的潜在欺诈活动。⑤结果解释：机构将这一规则应用于其实时监控系统，成功预防了一系列尝试性的欺诈活动。

通过这种关联分析，金融机构能够有效地识别和阻止复杂的安全威胁，增强其网络和交易系统的安全性。

（2）预测性分析。

预测性分析是数据分析技术的另一种方法，通过使用历史数据、统计算法和机器学习技术来预测未来的趋势和行为。在网络安全领域，预测性分析被用于分析过去的安全事件和威胁模式，以预测和防止未来的安全威胁。

例如，一家大型零售公司利用预测性分析来预防潜在的网络入侵，其主要措施包括：①数据收集和准备：公司收集了过去几年的网络入侵日志、流量统计和系统漏洞报告。②特征选择：选取了包括攻击时间、攻击方法、受影响系统类型和攻击源 IP 地址等特征。③模型构建：使用机器学习算法（如随机森林和神经网络）来构建入侵预测模型。④模型训练和测试：使用历史数据训练模型，并对最近一年的数据进行了测试，证明模型在预测潜在入侵方面具有较高的准确性。⑤应用和监控：将训练好的模型应用于实时网络流量分析，成功地预测并阻止了一系列针对其电子商务平台的潜在网络攻击。

通过预测性分析，该零售公司能够提前识别网络威胁，有效地预防可能的网络入侵，从而保护其关键数据和网络资源。

（3）数据可视化。

数据可视化是数据分析技术中的一个重要方面，涉及将复杂的数据集转换成易于理解的图形和图表。在网络安全领域，数据可视化使安全专家能够快速识别模式、趋势和异常，从而更有效地做出决策和响应潜在威胁。

例如，一家 IT 服务公司部署了一个全面的安全信息和事件管理（SIEM）系统，用于网络监控和威胁检测。其主要做法包括：①数据聚合，SIEM 系统从公司的防火墙、入侵检测系统、应用服务器和端点保护工具收集数据。②可视化类型选择，使用散点图来表示网络流量异常，使用条形图来展示不同类型的安全事件。③设计和实施，设计了一个仪表板，其中包括网络流量的实时热力图和最常见的安全威胁类型的条形图。④交互性，仪表板允许用户点击特定元素以获取更详细的信息，例如单击特定威胁类型以查看相关事件的详细信息。⑤实时更新，仪表板实时更新，显示最新的网络活动和安全事件。

通过这种数据可视化方法,IT 服务公司能够快速识别并响应网络安全事件,有效提高安全运营效率。

5.2.4 恶意行为检测

恶意行为在工业系统中可能表现为多种形式,包括但不限于:网络攻击(如DDoS 攻击、网络钓鱼或恶意软件传播)、系统入侵(未授权的系统访问,尤其是对关键控制系统的访问)、数据篡改(对生产数据或配置设置的未授权更改)、内部威胁(内部员工滥用权限,进行有害活动)等。在智能制造领域,及时检测并应对恶意行为对于维护整个工业系统安全至关重要。恶意行为检测依赖于多种技术,主要包括:

1) 入侵检测系统(IDS)

利用入侵检测系统(IDS)进行恶意行为检测是一种网络安全措施,用于监控网络和系统活动,以识别和报告潜在的恶意行为[14]。IDS 可以基于特定的签名(已知的恶意活动模式)和异常行为来检测威胁。

例如,一家金融机构部署了 IDS 来保护其敏感的客户数据和金融交易系统。其做法包括:①监控网络流量,IDS 持续监控从互联网到机构内部网络的所有流量。②签名检测,系统使用最新的威胁数据库,检测与已知恶意软件和攻击模式匹配的活动。③异常行为分析,IDS 分析了正常的网络流量模式,并注意到了一些异常的大量数据传输活动,这些活动在正常工作时间之外发生。④警报生成,系统立即生成了警报,提示可能存在未授权的数据泄露或内部威胁。⑤响应和调查,安全团队响应警报,进行了深入调查,发现这些异常活动是由一个受感染的内部系统触发的,该系统正在尝试发送敏感数据到一个未知的外部服务器。

通过使用 IDS,金融机构能够及时识别并防止了潜在的数据泄露,保护了其关键资产和客户信息的安全。

2) 机器学习和行为分析技术

使用机器学习和行为分析技术进行恶意行为检测是一种先进的网络安全方法。这种方法利用机器学习算法来分析网络和系统的行为模式,从而识别出潜在的恶意活动。机器学习模型能够学习和理解正常的网络和用户行为,然后识别出任何显著偏离这些标准模式的活动。

例如,一家跨国公司部署了基于机器学习的恶意行为检测系统,以保护其全球运营的网络安全。其主要措施包括：①数据收集，公司的安全系统收集了几个月的内部网络流量和用户活动日志。②特征提取，从日志中提取了登录时间、网络访问频率、文件下载模式等特征。③模型训练，利用这些数据，公司使用神经网络算法训练了一个行为分析模型。④行为分析，在部署后的几周内，系统检测到了一系列异常行为，包括在非工作时间的大量数据下载和不寻常的远程登录尝试。⑤警报和响应，系统立即向安全团队发出警报，团队迅速响应并调查这些活动，发现了一名内部员工试图未授权地访问敏感数据。

通过这种基于机器学习的恶意行为检测系统，该公司能够及时识别并阻止了内部威胁，有效保护了其关键业务数据和知识产权。

3）日志文件分析

分析来自各种系统和设备的日志文件进行恶意行为检测是网络安全的一个关键方面。这种方法涉及收集和分析网络设备、服务器、应用程序和安全系统生成的日志文件，以识别潜在的安全威胁和异常行为[15]。日志文件提供了关于系统操作、用户活动、系统错误和安全事件的详细信息，是识别恶意活动的宝贵资源。

例如，一家大型金融机构部署了一个综合日志管理和分析系统，以监控其广泛的 IT 基础设施。其主要做法包括：①日志收集，机构从其分布在全球的数据中心的网络设备、服务器和应用程序中收集日志。②日志聚合，所有日志数据被聚合到中央的 Splunk 系统中，以便于统一分析。③日志分析，安全团队使用 Splunk 对聚合的日志进行深入分析，寻找异常登录模式、不寻常的数据访问请求和系统错误。④模式识别，分析发现了一个异常模式，即在非工作时间有大量来自一个未知 IP 地址的数据下载请求。⑤警报和响应，系统立即生成警报。安全团队迅速响应，调查后发现这些请求是一个未授权尝试访问敏感客户数据的行为。

通过这种日志文件分析方法，金融机构能够及时识别并防范潜在的数据泄露和网络攻击，从而有效地保护其关键资产和客户信息的安全。

5.3 案例研究：一个工业信息安全攻击的案例分析

本节将详细分析一个真实的 Rubber Ducky 攻击案例，包括攻击者的动机、攻击目标、攻击过程以及最终的影响。通过案例研究,读者能更好地理解潜在的物理设备攻击如何对工业系统和智能制造的安全性构成威胁,以及如何识别和防范这些威胁。

Rubber Ducky 是一种小型的物理设备,通常模拟键盘输入,旨在滥用系统的自动化功能,以实施潜在的恶意行为。Rubber Ducky 攻击通常涉及使用一个看似无害的 USB 设备,它看起来像一个普通的 USB 闪存驱动器。然而,实际上,它包含了一个可编程的键盘模拟器,可以模拟键盘输入。键盘在操作系统中拥有最高权限,即使是杀毒软件也不能阻止键盘运行。攻击者可以将恶意脚本加载到该设备上,然后将其插入目标计算机的 USB 端口,以触发攻击。

攻击者是具备高级网络安全知识的个人或团体,可能的动机包括工业间谍、破坏竞争对手的制造能力,或获取工业机密。其目标是针对一家专业的工业制造企业。该企业拥有先进的制造设施和大量敏感的商业信息。

攻击过程包括以下阶段。①准备阶段:攻击者精心编程一个 Rubber Ducky 设备,预装恶意脚本,如植入后门、窃取网络凭证、下载工业控制系统(ICS)特定的恶意软件。设计脚本绕过常规的安全措施,针对工业控制系统的特定漏洞。②渗透阶段:攻击者利用机会将 Rubber Ducky 设备留在企业员工可能访问的地方,如员工休息室、会议室或停车场。设备被设计得看起来像是一个无害的 USB 驱动器。③执行阶段:一名不知情的员工发现设备并将其插入工作计算机,以检查内容或寻找其主人。一旦插入,设备自动执行预置脚本,迅速且无声地植入恶意软件,甚至会通过网络访问外部服务器,从外部服务器上下载恶意软件到企业内网。④传播与执行:恶意软件开始在网络中传播,尝试访问关键的工业控制系统。攻击者利用窃取的凭证和后门访问工业控制系统,窃取敏感数据或实施破坏活动,甚至会将下载好的数据发送到外部服务器上。

以上的攻击过程如图 5 - 1 所示。

本次攻击造成的影响包括:①生产中断,工业控制系统受损导致生产线停工。②数据泄露,设计蓝图、生产计划和商业秘密被窃取。③安全威胁,攻击可能危及现场工作人员的安全。④经济和声誉损失,生产延误和数据泄露导致经济损失和声誉损害。

另外,攻击者还可以使用 Rubber Ducky 设备执行多种攻击,包括但不限

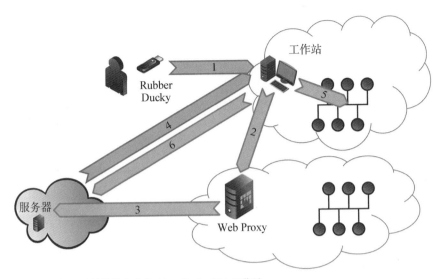

注：1. 内部人员将带脚本的 Rubber Ducky 插入工作站。
　　2. shell/脚本开始访问数字工厂网络中的 Web 代理。
　　3. shell/脚本通过 Web 代理连接外部服务器。
　　4. shell/脚本从外部服务器下载恶意软件。
　　5. 恶意软件扫描网络中的 PLC 等设备，并从数字工厂网络下载 PLC 的程序或数据。
　　6. 恶意软件压缩 PLC 的程序或数据，并将其发送回外部服务器。

图 5-1　一个 Rubber Ducky 的攻击过程示例

于以下手段。①密码抓取：Rubber Ducky 可以模拟键盘输入，以执行命令来获取存储在目标计算机上的用户名和密码。这可能包括 Windows 凭据、浏览器存储的密码等。②后门安装：攻击者可以使用 Rubber Ducky 设备来执行命令，以安装后门或恶意软件，从而保持对目标计算机的持续访问权限。③数据窃取：Rubber Ducky 还可以被用来悄悄地从目标计算机中窃取文件、截图和其他敏感信息。

本次攻击造成的响应和后果有：①紧急响应，企业立即启动应急响应程序，隔离受感染系统，封锁网络入口点。②调查与修复，进行深入调查以确定攻击的全貌和波及范围，修复受损系统。③安全加固，加强物理和网络安全措施，提升员工安全意识，特别是关于未知设备如何处理。④法律与合规问题，根据数据泄露的性质，企业可能面临法律诉讼和合规处罚。

通过这个案例，可以看到 Rubber Ducky 攻击对工业企业构成的严重威胁，也可以看到，即使是小型的物理设备也可能引入巨大的安全风险。

参考文献

［1］龚正虎,卓莹.网络态势感知研究［J］.软件学报,2010,21(7):1605－1619.

［2］张红斌,尹彦,赵冬梅,等.基于威胁情报的网络安全态势感知模型［J］.通信学报,2021,42(6):182－194.

［3］赵宁,李蕾,刘青春,等.基于网络开源情报的威胁情报分析与管理［J］.情报杂志,2021,40(11):8.

［4］刘亮,赵倩崇,郑荣锋,等.基于威胁情报的自动生成入侵检测规则方法［J］.计算机工程与设计,2022,43(1):1－8.

［5］刘纪伟,赵月显,赵杨.一种基于统计排序的网络流量特征选择方法［J］.电子技术应用,2018,44(1):84－87.

［6］朱建军,安攀峰,万明.工控网络异常行为的RST－SVM入侵检测方法［J］.电子测量与仪器学报,2018(7):8－14.

［7］赖清,曾红武.网络数据异常信息流量传输安全性检测仿真［J］.计算机仿真,2018,35(3):293－296.

［8］许倩.基于特征统计分析的异常流量检测技术研究［D］.郑州:解放军信息工程大学,2012:1－75.

［9］穆斌,武俊嘉,樊莉.网络流量监测及异常流量分析技术［J］.信息系统工程,2011(9):80－82.

［10］Viegas E, Santin A, Neves N, et al. A resilient stream learning intrusion detection mechanism for real-time analysis of network traffic ［C］//GLOBECOM 2017－2017 IEEE Global Communications Conference. IEEE, 2017:1－6.

［11］Oprea A, Li Z, Yen T. Detection of early-stage enterprise infection by mining large-scale log data ［C］//The 45th Annual IEEE/IFIP International Conference on Dependable Systems and Networks, Networks, Brazil, 2015:45－56.

［12］Fu Q, Lou J, Lin Q. Contextual analysis of program logs for understanding system behaviors ［C］//2013 10th Working Conference on Mining Software Repositories, CA, USA, 2013:353－366.

［13］Min D, Feifei L. Deeplog: Anomaly detection and diagnosis from system logs through deep learning ［C］//The 2017 ACM SIGSAC Conference on Computer and Communications Security, New York, United States, 2017:1285－1298.

［14］赵海,郑春阳,王进法,等.面向蓄意攻击的网络异常检测方法［J］.东北大学学报(自然科学版),2020,41(10):1376－1381.

［15］金波.关于网络异常流量检测算法的研究与改进［J］.计算机与数字工程,2020,48(6):1440－1449.

第 6 章 工业数据跨境流动安全管理

在数字时代,工业数据跨境流动安全管理是保障工业信息安全的重要内容,是数据跨境流动管理的重要领域,是维护国家安全和增强国际竞争力的重大挑战和迫切需要[1]。本章将研究工业数据跨境流动现状、治理特点、面临的安全风险,并介绍加强工业数据跨境流动安全管理的政策制度和技术创新,以期为实践中改进工业数据跨境安全管理提供参考,为升级拓展工业信息安全提供新的方向。

6.1 全球数据跨境流动现状

随着全球数据跨境流动蓬勃发展,各国根据实际情况,不断调整数据跨境流动治理规则,政策措施更加精准化,并在国际层面推动建立数据治理合作新机制,全球数据跨境流动及其治理正在悄然更新换代。

6.1.1 全球数据跨境流动多元化格局凸显

近年来,全球数据跨境流动活跃,并呈现出区域多样化发展特点。这主要表现在以下四个方面。

一是全球数据跨境流动规模大幅增长,增速持续稳定在高位。从规模看,2005—2022 年,数据跨境流动规模从 3 554 GBPS 扩张至 997 301 GBPS,增长约280 倍。从增速看,平均增速超过 30%,特别是 2020 年,受疫情对数据跨境流动需求的刺激作用,增速达到 34%。数据跨境流动势不可挡。

二是北美容量规模全球领先,但中心地位有一定下降。从区域间连接的国际宽带容量看,北美地区份额稳中有降。2022 年,北美的容量规模位居全球首位,但份额从 2013 年的 38％持续下降到 2022 年的 28％,而欧洲地区的份额逐渐接近北美,2022 年达到 26％。

三是区域内部数据流动加强,欧洲和亚洲区域内流动明显。国际宽带容量反映一个国家或地区连接国际互联网的能力。欧洲是国际宽带容量最大的区域,2022 年有 73％的国际宽带容量集中在该区域内部。2013—2022 年亚洲内部国际宽带容量迅速增长,占总国际宽带的份额从 37％上升至 60％。

四是金砖国家宽带容量增长明显,亚洲国家数据流量增速表现亮眼。从国际宽带容量增速看,2013—2022 年,在金砖国家中,中国增长 14 倍,印度增长 23 倍,俄罗斯增长 10 倍,增速远高于美国(7 倍)和德国(8 倍)。从数据流量增速看,2018—2022 年,新加坡(42％)、日本(36％)、中国(33％)是全球年均增长率最高的三个国家,都是亚洲国家,增速明显高于美国(26％)和德国(23％)等西方国家[2]。

全球数据跨境流动形势复杂多样,动态变化,也意味着各国家或地区对数据跨境流动的治理诉求、立场看法和政策取向不尽相同,推进全球数据跨境流动治理并非易事。

6.1.2　全球数据跨境流动治理深入推进

面对区域化、多样化跨境数据流动现状,全球数据跨境流动治理在制度层面和技术层面呈现出五个趋势特点。

(1) 数据本地化政策多元复杂。一是全球范围数据本地化趋势加强。经济合作与发展组织(OECD)报告显示,目前至少有 92 项数据本地化措施在 39 个国家实施,其中一半以上是在近 5 年制定的;麦肯锡研究报告也显示,75％的国家实施了一定程度的数据本地化措施。二是数据本地化政策的限制程度有所提升。从数据类型看,各国重点对个人信用数据、财务数据、金融数据、健康数据等类型数据实施数据本地化管理;从监管目的看,实施数据本地化管理的目的是保障国家安全,维护网络和数据安全,保护个人隐私,防范不断升级的网络攻击。三是美国大幅改变数据问题立场。2023 年 10 月,美国宣布在世界贸易组织电子商务规则谈判中放弃长期坚持的数据跨境自由流动、禁止数据本地化等数字贸易主张,以便国会监管调控大型科技公司[3]。

(2) "可信数据自由流动"探讨持续深入。2023 年,世界经济论坛发布《从碎片化到协调:跨境数据流动的制度机制方案》白皮书,其中提出,2023 年是

"可信数据自由流动"实施过程中的重要里程碑,建议从 G7 成员国开始建立一个永久性的新机制,弥补现有国际机制的不足。G7 数字和技术部长会议也宣布成立新的"伙伴关系制度安排",并在 2023 年 5 月举行的 G7 广岛峰会上予以批准,标志着"可信数据自由流动"进入机制化阶段。

（3）政府获取个人数据的国际规范取得明显进展。一是达成首个政府间协议。2022 年 12 月,OECD 数字经济部长会议发表《关于政府访问私营部门实体持有的个人数据的声明》,为政府基于执法和国家安全目的获取私营部门持有的个人数据,设定了规范框架。二是美欧重新达成新的数据隐私框架。2023 年 7 月,欧盟委员会通过关于欧盟—美国数据隐私框架的充分性决定,规定个人数据可以安全地从欧盟流向参与该框架的美国公司,无需另外采取数据保护措施。该隐私框架建立在一定的保障措施之上,即美国政府对欧盟数据的访问要控制在必要范围内,并建立数据保护审查法院。

（4）互操作性相关技术工具不断推进。一是数据空间创新工具逐渐兴起。国际数据空间协会、欧盟委员会、数据交换协会等国际组织积极推进"数据空间",打造开放、透明、标准的数据共享系统。二是隐私增强技术得到推广。2023 年 G7 在《实施可信数据自由流动的愿景及其优先事项》提出了增强监管方法和工具兼容性的技术配套措施,其中包括发展隐私增强技术。三是互操作性标准实践逐步清晰。2023 年 G20 数字经济部长会议强调,应开放应用程序编程接口（API）及其支持标准,推进不同数字系统通信。

（5）多利益相关方持续加强对话和合作。一是国际合作组织持续扩容。如 2023 年,英国加入 APEC 全球跨境隐私规则论坛,成为该论坛自 2022 年 4 月成立以来首个非 APEC 经济体。阿根廷则成为第 23 个批准欧洲委员会隐私和数据保护公约（"108 号公约"）修订议定书的国家。二是多边层面强调共同制定规则。2023 年 5 月,联合国贸易和发展会议第六届电子商务和数字经济会议呼吁,改变全球数据治理分化的状况,强调多利益相关方参与制定规则,既能促进数据自由流动,又能实现可持续发展。三是双边层面促进区域联盟合作。2023 年 3 月,欧盟与拉美和加勒比地区启动建立数字联盟,主要目标是促进多利益相关方和私营企业在数字领域的创新合作[2]。

6.2 工业数据跨境流动现状

工业数据跨境流动长期以来一直客观存在。随着数据跨境流动在数字经济时代成为关注焦点，工业数据开发利用越来越被重视，工业数据跨境流动也成为热点问题。研究工业数据跨境流动管理，首先要给工业数据跨境流动现状"画像"。

6.2.1 工业数据跨境规模量级

当前，工业数据跨境流动成为一股越来越强劲的潮流。《全球数字治理白皮书(2023年)》显示，2022年，全球跨境数据流动规模达99.7万GBPS，近三年平均规模增速超30%。赛迪顾问《2022—2023年中国大数据市场研究年度报告》显示，2022年，中国工业大数据市场规模304.1亿元，同比增长23.7%，预计到2025年，工业大数据市场规模将超过500亿元[3]。2024年5月发布的《全国数据资源调查报告》显示，在生产方面，老旧生产设备的升级改造以及智能边缘设备、工业机器人、数控机床等智能设备的推广应用，推动生产制造数据同比增幅达到20%。尽管目前对工业数据跨境规模没有权威统计，但是，通过上述三类数据可以观察到我国工业数据跨境流动规模和增长趋势。

6.2.2 工业数据跨境业务场景

目前，工业数据跨境流动的场景丰富多元，而且随着实践深入，未来将诞生更多的业务场景。

（1）全球供应链管理。跨国制造业企业在全球布局，通过数据跨境流动可以更高效地管理全球供应链，加强库存管理、物流跟踪、质量控制等。例如，某汽车制造商总部位于德国，在全球多个国家拥有生产厂商和零部件供应商。为了确保生产效率和供应链的畅通，该汽车制造商需要跨境共享生产进度数据、零部件库存信息和物流跟踪数据等。通过跨境共享数据，可以帮助企业及时调整生产计划，应对市场需求变化，减少库存积压，提高运营效率。

（2）国际生产协作。跨国公司在不同国家和地区拥有生产基地，需要在这些生产基地之间共享生产数据、设计方案、工艺改进措施等，加强工作协同，提高生产效率。例如,总部位于美国的某智能手机公司,其设计团队在美国,而组装工厂设在中国,部分关键零部件由韩国和日本供应。开展国际生产协作,需要设计数据、技术规格、生产进度和质量控制标准等信息在各国之间实时共享,以确保产品设计和生产质量的一致性,缩短产品上市时间。又如,我国某芯片设计公司需要某海外芯片设计公司帮助其进行设计调优和制造测试,因此两家公司需要及时传输和使用对方的数据,以高效获取设计方案,提高流片成功率[4]。

（3）产品开发与创新。跨国企业通过分析不同市场的数据,可以指导新产品开发和既有产品改进,加速推动产品创新。这通常涉及客户反馈、市场趋势分析等数据的跨境流动。例如,在药品海外研发过程中,药企需要收集和处理临床试验数据、试验样本中人类遗传资源信息、患者的健康监测和管理数据等,其中有些数据属于重要数据和敏感个人信息,且又迫切需要跨境传输[4]。

（4）远程监控和维护。在重工业领域,设备和机器可能安装在全球各地,通过数据跨境流动,企业可以实现对这些设备的远程监控、维护和故障诊断。例如,某能源公司在英国和我国分别运营风电场,在风力发电机上装有传感器,需要将传感器收集的数据跨境传输给公司总部,通过数据分析可以实现对风电场的远程监控和性能优化,并预测维护需求,减少意外停机时间,提高能源产出效率。

（5）智能制造和工业互联网。随着智能制造和工业 4.0 的发展,更多的设备和系统通过互联网连接,产生的大量数据需要跨境传输,以便在全球范围内实现智能控制。例如,总部位于德国的某跨国汽车制造商,在美国、中国、印度等地拥有多个生产基地,部署了高度自动化的生产线。这些生产线通过各种传感器、机器人和智能系统收集和生成大量数据,将这些数据实时发送回总部和其他生产基地,有利于总部公司掌握全球生产活动。

（6）数据分析与市场洞察。收集和分析不同国家和地区的数据,能够帮助企业洞察市场,更好地制定市场策略和决策。例如,某跨国消费品公司,其产品在全球范围内销售。通过收集和分析来自不同国家和地区的消费数据、市场趋势和客户反馈,有助于更好地理解各地市场的需求,定制营销策略,推出符合当地消费者偏好的产品。

6.2.3　工业数据跨境流动面临的安全风险

数据跨境流动有利于推动制造业转型升级,推进企业技术创新,优化资源配置。但是,数据跨境流动面临一些安全风险。在工业数据跨境流动中,下列三类风险值得关注。

1)数据资源虹吸效应对我国数据主权安全的潜在风险影响

从国际环境看,在数字经济时代,谁掌握先进的数字技术,数据向谁汇聚,谁就掌握数据经济利益分配的话语权。在工业数据自由流动的情况下,发达国家凭借先进数字技术汇聚全球工业数据资源,并对收集到的境外工业大数据进行存储、加工和利用,在放大工业数据价值的过程中进一步迈向全球价值链中高端。在此基础上,推动制定有利于己的数据治理国际规则。相比之下,我国拥有丰富的工业数据资源,但与美国相比,数据技术创新能力不足,对数据规制能力相对较弱,在国际社会制定数据规则的话语权有待提升。如果我国放任数据跨境自由流动,总体上数据流出量会大于数据流入量,将影响我国对工业数据资源的控制权、所有权和管理权。

2)网络攻击对企业生产经营的风险影响

从网络环境看,当前,工业网络攻击事件频繁发生,严重影响企业生产经营。在工业数据跨境流动场景下,在数据传输、存储、应用等环节都面临数据安全风险。比如,在数据传输环节,在工业设备远程运维中,设备运行状态、工况、配置参数等工业数据实时传输,存在重要数据被泄露、监听或篡改等风险,需要采取加密传输措施。在数据存储环节,工业数据面临被恶意访问、窃取、伪造等风险,因此需要完善数据访问控制、分类分级管理和防护、存储介质安全管理等措施。在数据应用环节,工业数据应用场景是否合法合规,是否存在数据安全隐患,需要通过数据安全监测技术手段和管理机制加以控制。

3)数据聚合效应加剧国家安全风险

从数据内容看,工业数据传输至境外,可能被境外政府、组织和个人恶意利用,威胁国家安全。一方面,有些工业数据可能与国家安全、社会公共利益存在高度关联,如关键信息基础设施系统配置信息、网络拓扑结构、重大高端装备制造相关产品供给和工艺技术数据、智慧工厂的人工智能控制程序、关乎产业发展的重要物流数据等,这些数据哪怕是较少的数量,也可能被用于攻击国家关键信息基础设施,获取关键核心技术并实施技术反制,破坏产业链供应链稳定等,从而威胁网络安全、科技安全、经济安全等。另一方面,随着大数据、人工智能技术发展,看似不敏感的一般数据通过技术手段开展聚合分析,能产生重要敏感信息,使国家安全处于险境之中。比如,在工业消费品领域,通过对大量的生产力数据、储备数据等进行分析,可以推算出一国关系国计民生的食品生产布局、战略储备情况等,便于在消费品市场运行方面发起精准打击[5]。

6.3　工业数据跨境流动管理实践

新时期,推进工业数据跨境流动安全管理需要将制度手段和技术手段相结合,聚焦数据分类分级、数据出境安全评估和典型应用场景管理,循序渐进地引领数据跨境流动管理实践走向深入。本节将介绍当前与工业数据跨境流动管理有关的主要政策和技术方案。

6.3.1　数据跨境流动管理相关政策标准

在工业数据跨境流动管理相关政策中,当前有以下五部文件值得关注。这些文件不仅是对过去管理实践经验的阶段性总结提炼,更是在未来一段时间内将引领开拓工业数据跨境流动新蓝海。

1)《"数据要素×"三年行动计划(2024—2026 年)》

2023 年 12 月,国家数据局等 17 部门共同印发《"数据要素×"三年行动计划(2024—2026 年)》(以下简称行动计划),这是未来三年我国数据要素开发利用的顶层文件。其中对数据要素×工业制造作出专门规定,包括创新研发模式、推动协同制造、提升服务能力、强化区域联动、开发使能技术等方面。在优化数据流通环境方面,《行动计划》还提到,打造安全可信流通环境,深化数据空间、隐私计算、联邦学习、区块链、数据沙箱等技术应用,探索建设重点行业和领域数据流通平台。促进数据有序跨境流动,对标国际高标准经贸规则,持续优化数据跨境流动监管措施,支持自由贸易试验区开展探索。该行动计划选取 12 个典型行业和领域,推动发挥数据要素乘数效应,激活数据要素潜能,其中将工业制造放在首位。

2)《促进和规范数据跨境流动规定》

2024 年 3 月,国家互联网信息办公室发布《促进和规范数据跨境流动规定》,适当放宽数据跨境流动条件,适度收窄数据出境安全评估范围。从内容看,该规定明确免予申报评估认证情形,降低数据出境合规成本;框定数据出境安全评估适用边界,强化数据出境安全导向;明确标准合同和保护认定适用情形,推动数据出境制度精细化发展;为自贸区数据出境管理授权,为今后制度创新预留空间。

3)《数据安全技术　数据分类分级规则》

2024 年 3 月,国家标准《数据安全技术　数据分类分级规则》(GB/T 43697—2024)正式发布。这是关于数据分类分级的通用规则,规定了数据分类分级的原则、框架、方法和流程,给出了重要数据识别指南。同月出台的《促进和规范数据跨境流动规定》提到,数据处理者应当按照相关规定识别、申报重要数据。该数据分类分级规则是对《促进和规范数据跨境流动规定》做出的积极回应。

4)《扎实推进高水平对外开放　更大力度吸引和利用外资行动方案》

2024 年 3 月,国务院办公厅印发该行动方案。其中,第十七条要求,支持外商投资企业与总部数据流动。促进外商投资企业研发、生产、销售等数据跨境安全有序流动。制定粤港澳大湾区跨境数据转移标准,建立港澳企业数据跨境流动机制。第二十二条要求,科学界定重要数据的范围。全面深入参与世界贸易组织电子商务谈判。探索与《数字经济伙伴关系协定》成员方开展数据跨境流动试点。

5)《关于以高水平开放推动服务贸易高质量发展的意见》

2024 年 9 月,国务院办公厅印发该意见,其中,将推动数据跨境高效便利安全流动作为优化服务贸易数字化发展环境的重要举措,该意见提出,在具备条件的地区开通国际互联网数据专用通道,高效开展重要数据和个人信息出境安全评估。

6.3.2　探索可信数据空间

促进工业数据跨境流动的技术方案有很多,涵盖隐私计算、区块链、人工智能等多个方面,这里着重介绍两种不断创新探索的数据空间,实现数据跨境流动高效和安全并重。

可信工业数据空间是指为实现工业数据开放共享和可信流通的数字基础设施和技术解决方案。其功能有三个:一是为数据提供者增强对数据使用对象、范围、方式等的控制能力,实现企业对工业数据可用不可见、可用不可存、可控可计量的需要。二是为数据处理者提供数据流通处理的日志存证,提供内外部合规记录,加强数据资源有效管理。三是为数据供需双方提供中间服务,便利供需对接,促进工业数据价值转换[6]。

可信数据空间采用分布式架构,数据由各方自己保管。数据的提供和使用严格按照数字合约,遵循最小必要原则。在可信数据空间,要提供实名身份,给数据标记,用日志存证[7]。在可信数据空间里,有很多个数据盒子,数据在这些盒子之间加密传递,在盒子里运算和应用。盒子采用一套数据控制技术,在数据使用结束后,会从使用方的盒子自动删除。建设可信工业数据空间是推进工业数据跨境安全流动的技术手段之一。

2022 年初,中国信息通信研究院(以下简称中国信通院)与高校院所、企业共同发起建立可信数据空间生态链联盟,开展典型场景试验和行业应用,如制造业数据跨组织高效传递使用。2022 年 3 月,中国信通院牵头提出 IEEE P 3158《可信数据空间系统架构》在 IEEE 标准协会成功立项。2023 年初,中国信通院联合华为等企业以及科研机构共同提出"可信数据空间",并发布《可信工业数据空间系统架构 1.0 白皮书》。

近年来,可信数据空间在国内多个行业建设了测试床。例如,江苏省在2022 年率先开展可信数据空间行业试点,在家纺行业、电子行业部署可信数据空间的测试床[8]。2022 年 6 月,深圳数据交易有限公司、华为云计算技术有限公司、深圳数鑫科技共同发起成立"国际数据空间创新实验室"。该实验室的定位是构建可信的数据流通体系,并能更好地支撑数据跨境流通[9]。2023 年 3月,中国信通院联合深圳数据交易所,与四川长虹电子控股集团有限公司、深圳数鑫科技有限公司,打造了我国首个依托可信数据空间的场内数据业务合作,也是我国首个智能制造领域数据空间应用案例[10]。

6.3.3　德国工业数据空间

在全球范围内,德国率先开展工业数据空间(industrial data space, IDS)建设,并在技术架构、机制建设、行业生态等方面形成领先优势。德国认为,从立法上为数据提供一套法律框架比较困难,更为实际的做法是,从技术角度解决,构建人们认可的数据共享流通机制,建立数据交换规则和使用规范[11]。

2015 年,德国启动工业数据空间行动,由弗劳恩霍夫协会承担基础研发,并于 2016 年 1 月成立工业数据空间联盟(IDSA)联合 130 多家公司,包括拜耳制药、蒂森克虏伯、大众汽车等知名公司,共同推动工业数据空间的行业应用和全球推广。2017 年,工业数据空间参考架构模型 1.0 发布;2018 年 11 月,将工业数据空间联盟变更为国际数据空间联盟;2019 年 4 月,工业数据空间参考架构模型升级为国际数据空间参考架构模型 3.0 版。目前,已经发布国际数据空间的参考架构 4.0 版,并在医疗、能源、制造等多个领域开展了探索。

IDS 顶层设计采用"五层三原则"架构,包括业务、功能、流程、信息和系统五层架构,以及安全、认证和治理三个原则。IDS 架构采用数据连接器技术,并以其作为标准通信接口,从而实现数据空间内数据之间的安全交换,并确保数据所有者对数据的访问应用活动进行权限控制和监测维护。IDS 采用双认证模式支持构建数据可信流通环境,针对加入数据空间的参与者和数据连接器、数据 APP 等核心组件制定了一套评估认证标准、规则和流程。IDS 分主体构建数据空间立体化发展生态,将参与者分为四类,包括核心参与者、中介机构、专业服务商和监管机构,并且明确了每个角色在数据治理方面的权利和义务,多方共同打造相对完整的数据生态系统。

在推广应用方面,鼓励企业利用 IDS 向市场提供软件产品和服务。比如,海尔海外洗衣机工厂基于 IDS 技术,实现消费者洗衣机传感器的洗衣数据与其卡奥斯 COSMOPlat 平台的安全可控交换,从而能基于洗衣数据对洗涤程序进行优化,并发送回消费者洗衣机。另一方面,加强国际化应用推广。荷兰应用科学研究组织与日本电信公司基于 IDS 标准建立互联的数据空间,实现供应链信息等的跨国安全交换[12]。2023 年 7 月,IDSA 中国能力中心正式成立,这是 IDSA 在中国的代表机构,由下一代互联网国家工程中心负责运营,努力打造国际数据流通的连接器。

6.4 加强工业数据跨境流动管理的建议

加强工业数据跨境流动管理,首先要认识到工业数据的三个特点,即高价值性、强系统性和高风险性[13]。高价值性,意味着通过数据跨境流动管理,要激发和释放工业数据价值;强系统性,意味着在工业领域不同的行业,数据跨境流动状况和特点不尽相同,数据跨境流动管理要遵循行业特性和运行逻辑,避免管理"一刀切";高风险性,意味着通过加强数据跨境流动管理,要能有效维护国家数据安全和个人信息权益。

工业领域行业门类多,数据量大,数据安全底子相对薄弱,数据分类分级和重要数据识别备案工作情况复杂、难度较大[1],因此,加强工业数据跨境流动治理任重道远。总体而言,加强工业数据跨境流动管理应该做到"五个统筹",确保数据高效便利安全地跨境流动。

(1)统筹发展和安全,以数据安全保障工业数据流动"全球通"。统筹发展和安全是加强工业数据跨境流动管理的指导思想和基本原则。一方面,要大力促进工业数据跨境流动,因为数据跨境流动将有助于推进制造业"智改数转网联",在开放合作中提升产业链供应链韧性和安全水平,更好服务国家发展战略。面对今后的未知风险,在加强防范的同时,要坚持推动数据跨境流动,最大限度激发和释放数据价值。另一方面,应坚守安全底线,依法依规推动工业数据跨境流动,在工业领域实践中进一步明确数据跨境流动的安全管理边界。目前,上海发布数据跨境场景化一般数据清单,天津和北京发布了数据出境管理负面清单,其中都涉及工业数据跨境流动。要发挥正面数据清单和负面数据清单对实践探索的指引作用,增强限制数据跨境流动的确定性和可预期性,做到数据跨境"法无禁止即可为""法定义务必须为"。

(2)统筹运用技术手段和制度手段,打好管理"组合拳"。技术手段和制度手段是加强工业数据跨境流动管理的两种方法。两者相辅相成、互相配合,共同织牢数据跨境流动安全防护网。一方面,要加大数据跨境流动技术研发和应用。通过加强科技创新和成果转化,推出更多"小快灵"的数据跨境流动技术、产品、平台和解决方案,并加强建设支撑数据跨境流动的数字基础设施,实现相关技术支撑多样化、专业化、有安全保障。另一方面,要持续完善数据跨境流动管理制度。近两年,数据跨境流动管理制度快速发展,政策、法规、标准、指引推陈出新,内容更加贴近实际。接下来,在制度建设方面,要继续做好"加法",政策制度要动态更新,更加具有可操作性和行业针对性;做好"减法",适时对规定内容开展整合,减少管理规定碎片化现象;做好"乘法",将比较成熟的制度规定,及时上升为法律法规的地位,增强管理制度的约束力。

(3)统筹运用政府和市场两种力量,让专业的人做专业的事。加强工业数据跨境流动管理需要依靠政府和市场"两只手"协同发力。一方面,政府部门对数据跨境流动要加强科学管理,做到简政放权。坚持必要性、最小化原则,安全管理要管重要数据和个人信息,允许一般数据自由跨境流动。各相关部门要加强信息共享、工作沟通和联动配合,站在统筹发展和安全的高度,对工业数据跨境安全管理边界达成共识,共同守好工业数据跨境流动的安全防线。另一方面,企业要加强在数据跨境流动安全管理的主体责任,自觉履行国家数据跨境安全管理的义务要求,增强风险意识,做到数据跨境流动依法合规。另外,专业服务机构是促进数据跨境流动管理的一支重要力量,是相关行业生态的建设者。要加强对专业服务机构监管,促进和规范专业服务,让专业服务机构在数据跨境流动管理更好发挥专业支撑作用。

(4)统筹基层实践先行先试和全面推行,共同解决好工业数据跨境流动限制尺度的问题。当前,数据跨境流动安全管理需求旺盛,面对现实需求,我国正在加快制度创新和探索,不断完善相关法律、法规、政策、标准等,取得了积极明显的成绩。制度建设并非一蹴而就,需要循序渐进和"急用先行、小步快跑"。一方面,要进一步发挥自贸区的改革试验田作用,将制度创新成果及时复制推广,上升为全国性、地区性的制度规范,让数据跨境流动管理有法可依。另一方面,要认识到数据跨境流动管理制度创新并非自贸区的独角戏,随着国家层面对促进数据跨境流动政策导向越来越清晰,各地区可以结合自身产业优势,各部门可以结合自身职能,开展工作创新,积极参与到这项便利化改革中。

(5)统筹国内治理和国际合作,推动缩小国内外政策制度差异。数据跨境流动治理是一项涉及"境内""境外"的工程,既需要加强国内治理,更离不开推动国际合作治理。甚至,数据跨境流动国际合作治理能对国内治理产生良性的倒逼作用。因此,一方面,我国要加强数据跨境流动国内治理,在保障国家安全的前提下,提升管理的规范性、精细化和便捷性,减轻工业企业合规成本,让数据的对外开放为高质量发展赋能。另一方面,要积极参与和推动国际治理,在联合国框架下,以中国立场、中国技术、中国制度等参与数据跨境流动治理,为工业数据跨境流动管理贡献中国智慧和方案。积极推动和加深双边、多边数据跨境流动合作,以中新、中德、中欧、中国—东盟、中非等区域性数据跨境流动合作的单点突破,由点及面逐渐引领国际数据跨境流动治理。

—— 参考文献 ——

[1] 隋静.促进和规范工信领域数据跨境流动　构建高质量发展和高水平安全良性互动新格局[J].中

国网信,2024(5):26-30.

[2] 国务院发展研究中心对外经济研究部,中国信息通信研究院课题组.数字贸易中的跨境数据流动[J].中国经济报告,2023(5):110-116.

[3] 中国信息通信研究院.全球数字治理白皮书(2023年)[R].北京:中国信息通信研究院,2023.

[4] 开放群岛开源社区跨境数据流通小组.跨境数据流通合规与技术应用白皮书(2023)[R].深圳:开放群岛开源社区,2023.

[5] 黄海波.工业大数据安全管理若干关键问题研究[D].北京:北京邮电大学,2023.

[6] 工业互联网产业联盟.可信工业数据空间系统架构1.0白皮书[R].北京:工业互联网产业联盟,2023.

[7] 赵志海.可信数据空间提升工业互联网安全与信任[EB/OL].[2023-06-28].https://roll.sohu.com/a/692294348_121124361.

[8] 韦莎.可信数据空间推动高质量数据要素"活起来、动起来、用起来"[EB/OL].[2023-06-16].https://finance.sina.com.cn/tech/roll/2023-06-16/doc-imyxmyzt2528869.shtml.

[9] 工业互联网数据要素化:隐私计算可信数据空间初露端倪[EB/OL].[2022-06-29].https://baijiahao.baidu.com/s?id=1736944384219415053&wfr=spider&for=pc.

[10] 中国首个基于可信数据空间的场内数据业务合作[EB/OL].[2023-03-21].https://www.163.com/dy/article/I0C93EUR05562CG1.html.

[11] 邱惠君,王梦辰,刘巍.从德国数据空间的实践探索看如何构建数据流通共享生态[J].中国信息化,2020(12):107-109.

[12] 刘丽超,高婴劢,王宇霞.借鉴德国经验打造我国工业数据空间[J].数字经济,2023(7):2-5.

[13] 陈楠,蔡跃洲.工业大数据的属性特征、价值创造及开发模式[J].北京交通大学学报(社会科学版),2023,22(3):27-28.

第 7 章　工业信息安全的未来展望

工业信息安全是一个不断演进的领域,随着工业自动化和智能制造的快速发展,信息安全面临的挑战也日益复杂。本章将探讨工业信息安全的未来发展趋势,以及应对未来挑战的发展策略,确保工业系统在数字化时代得以充分保护,从而不断释放智能制造的发展潜力。

7.1　工业信息安全和智能制造的关系

本节重点研究智能制造和工业信息安全的关系,在分析智能制造特点的基础上,梳理智能制造面临的信息安全挑战,解析智能制造和工业信息安全融合发展的做法,并展望未来两者深度融合的前景。

7.1.1　智能制造的兴起

智能制造是一种基于数字技术的制造方式,它利用各种智能化技术和工具,如物联网(IoT)、人工智能(AI)、大数据和云计算,来改善制造过程。这种方法使制造系统更加互联、高效、可靠,并能够自我优化。

智能制造代表了制造业发展的新趋势,它结合了先进的信息技术、自动化技术和制造技术,旨在创建更高效、灵活和自动化的制造环境。

不同于传统制造,智能制造有着"智能化"的标签。自动化的生产线能够自我调整,以响应不断变化的市场需求。大数据分析帮助制造企业更好地理解市场趋势,优化生产流程。企业利用灵活的生产系统满足客户的个性化需求。持续的技术创新推动制造流程的不断优化和升级。

智能制造的特点也对企业提出了新的转型要求。企业需要投资于新的技术和系统,以实现生产流程的数字化和智能化;要培养和吸引具有数字技术能力的人才,以支持智能化的生产和运营;要改变传统的工作流程和管理模式,以适应更加灵活和数据驱动的制造环境。

当然,智能制造发展也伴随着巨大的信息安全风险,对工业信息安全提出了新的挑战和要求:要保护生产数据和客户信息的安全,防止数据泄露和篡改;要保护制造系统不受外部攻击和内部威胁;要确保所有的智能设备和系统稳定运行,抵御恶意软件和破坏性攻击;还要遵守数据保护和网络安全相关的法律法规和标准。

所以,智能制造的发展不仅带来了巨大的机遇,同时也带来了新的挑战,尤其是在信息安全方面。企业需要投入相应的资源和策略,确保在追求高效和创新的同时,也能保护好网络和数据安全。

7.1.2　智能制造中的信息安全挑战

在智能制造的生态系统中,工业信息安全不仅是保护资产的手段,更是确保持续运营和创新的基础。智能制造的兴起带来了多种信息安全挑战,主要源于其高度数字化和网络化的特点。主要的信息安全挑战有:

(1)系统的互联互通性导致攻击影响传导。随着设备、系统和网络的高度互联,一旦其中一个环节受到攻击,可能会影响整个制造系统。比如,一个工业控制系统的网络接口受到攻击,恶意软件可能通过这个入口蔓延到整个制造网络,导致生产线停工。

(2)物联网设备的安全脆弱性。许多物联网设备在设计时没有充分考虑安全性,形成潜在的安全漏洞[1]。例如,一个未经加密的物联网传感器可能被黑客利用来访问网络,窃取生产数据或篡改控制信号。

(3)数据安全和隐私问题。智能制造产生大量敏感数据,如生产秘密和客户信息,需要有效保护[2]。例如,黑客可能通过网络入侵窃取企业的设计图纸或客户订单信息,造成知识产权盗窃或商业间谍。

(4)供应链安全漏洞。智能制造依赖复杂的供应链,任何供应链环节的安全漏洞都可能影响整个生产进程。例如,供应链中的一个软件供应商受到攻击,恶意代码可能通过软件更新传播到制造企业的系统中。

(5)工业控制系统的专业性要求高。工业控制系统(ICS)通常比较专业,需要运用特定知识来保护。如果黑客对 SCADA 系统进行未授权访问,可能导致严重的物理损害,如在化工厂引发安全事故。

(6)法律法规和政策标准要求提升。智能制造企业需要遵守不断发展变化的数据保护和网络安全法律法规。如果企业未能遵守数据安全法、GDPR等数据保护法律法规,可能会面临重罚。

(7)员工安全意识薄弱。员工可能缺乏必要的安全意识,成为安全薄弱点。比如,员工可能因为使用默认密码或在工作场所插入未经检查的 USB 设备,无意中引入安全威胁。

因此,应对智能制造的信息安全挑战需要综合的安全策略和持续的技术投入。这包括加强系统的内置安全功能、制定严格的数据管理政策、建立供应链安全机制以及增强员工的安全意识等。

7.1.3 智能制造与信息安全的融合

智能制造与信息安全的融合是确保制造业在高度数字化和自动化的环境中顺利运作的关键。这种融合涉及将安全措施和协议嵌入到智能制造的每一个环节,从而保护企业免受网络攻击和数据泄露的威胁。

智能制造与信息安全的融合,主要体现在以下方面。①安全设计:在智能制造系统的设计阶段,就将安全作为核心考虑因素,而不是事后补充。②数据加密和保护:对在制造过程中产生和传输的数据进行加密和保护,确保数据的机密性和完整性。③访问控制和身份验证:实施严格的访问控制措施和加强身份验证机制,确保只有授权用户和设备才能访问网络和系统。④网络分割和防火墙:通过网络分割和防火墙技术隔离关键的生产系统,防止潜在的网络攻击波及整个制造网络。⑤持续监控和响应:部署实时监控系统以及自动化的威胁检测和响应机制,以快速识别和响应潜在安全事件。⑥供应链安全:确保供应链中的每个环节都符合安全标准,通过安全审计和合规性检查来管理供应链风险。⑦员工培训和意识提升:定期对员工进行网络安全培训,提高其对潜在安全威胁的认识和应对能力。

例如,智能汽车制造企业的信息安全融合措施包括:①安全设计,该企业在设计其智能生产线时,就引入了多层安全措施,包括安全的网络架构和硬件安全模块。②数据加密和保护,对所有生产数据进行加密,确保设计图纸和客户信息在传输过程中的安全。③访问控制,只有经过严格验证的员工和设备才能访问关键的生产系统。④网络分割,将企业的办公网络和生产控制网络进行分割,使用防火墙和入侵检测系统保护关键资产。⑤实时监控,部署安全信息和事件管理(SIEM)系统,对网络活动进行实时监控,快速响应异常事件。⑥供应链安全,对所有供应商进行安全评估,确保他们的产品和服务符合安全标准。⑦员工培训,定期对员工进行网络安全培训,强化他们对信息安全重要性的理解和认识。

通过这种全面的信息安全融合,该制造企业能够有效地保护其关键制造系统和敏感数据,同时确保生产效率和灵活性。

7.1.4　未来展望

工业信息安全与智能制造的结合预示着未来制造业的重大转型。随着科技的进步,两者的融合将更加深入,推动制造业向更高效、更安全、更可持续的方向发展。以下是对工业信息安全与智能制造深度融合发展的未来描述。

(1)高级安全技术集成发展。预计人们将看到更多先进的信息安全技术,如人工智能(AI)、机器学习、区块链和量子加密等,被集成到智能制造系统中。例如,使用 AI 和机器学习对网络流量进行实时分析,以识别和防止复杂的网络攻击;运用区块链技术确保供应链数据的不可篡改性和透明性。

(2)自适应和预测性安全措施加快发展。随着智能制造系统的复杂性增加,预计将开发出能够自适应并预测潜在威胁的安全系统。例如,部署能够自动调整安全策略的系统,根据实时数据和行为分析来预测和防御潜在的内部和外部威胁。

(3)安全与操作技术(OT)深度融合。信息安全不仅将深入到 IT 的领域,更将深入到操作技术(OT)和物理制造过程中。例如,安全协议和工具将被直接集成到生产线的机器人、传感器和控制系统中,实现物理生产过程的安全保护。

(4)法律法规和标准进一步发展。随着智能制造的普及,有关数据保护、网络安全和工业控制系统安全的法律法规和政策标准将进一步发展。比如,相关国际标准和国家标准将更具体地涵盖智能制造领域,企业将需要遵循这些标准以确保合规性。

(5)安全意识和文化进一步提升。企业将更加重视增强员工对信息安全的意识和建立安全文化。定期的安全培训和演习,以及将安全考虑纳入日常工作流程中,将成为企业文化的一部分。

（6）技术创新和合作持续推进。制造业和信息安全领域的持续技术创新，以及跨行业和跨国界的合作将是常态。制造企业与技术提供商、学术机构和政府机构将合作开发新的安全解决方案和策略。

综上所述，工业信息安全与智能制造的结合预示着一个更加互联、智能和安全的制造业未来。随着技术的不断进步，该领域将持续演变升级，为制造业带来更多的机遇和挑战。

7.2　人工智能技术对工业信息安全的机遇和挑战

随着工业领域的数字化转型和智能化制造的兴起，人工智能（artificial intelligence, AI）已然成为增强工业信息安全的一种强大的工具。本节将探讨人工智能在工业信息安全中的应用，并分析它如何为智能制造的未来提供坚实的保护与显著的增强。

7.2.1　人工智能对工业信息安全的赋能

人工智能是一种广泛的技术范畴，包括机器学习、深度学习、自然语言处理和计算机视觉等领域[3]。这些技术可应用于工业信息安全多个方面，以加强保护工业控制系统、物联网设备和生产数据，至少体现在：①入侵检测和威胁识别，人工智能可以分析工业网络中的巨大数据流，识别潜在的威胁和异常行为[4]。它可以检测到未知的攻击模式，使安全团队能够更快速地做出反应。②自适应防御，人工智能可以构建自适应的安全防御系统，根据实时威胁情报和网络流量的分析来动态调整安全策略[5]。③预测性维护，通过监测设备传感器数据并应用机器学习算法，工厂可以预测设备故障和维护需求，从而避免生产中断并提高效率[6]。④自动化响应，基于 AI 的系统可以自动响应威胁，采取行动以隔离受感染的设备或网络区域，从而减轻潜在损害。

7.2.2　案例研究：人工智能在工业信息安全中的成功应用

这里结合具体案例对人工智能在工业信息安全中的应用进行介绍，涉及设备威胁检测、供应链风险管理、自动化威胁响应三个方面工作，帮助读者更好地理解和推动人工智能在工业信息安全中的广泛应用。

（1）设备威胁检测：人工智能（AI）在设备威胁检测方面的作用日益显著，它通过智能分析和模式识别帮助识别和预防潜在的安全威胁。以下用一个具体的示例来说明人工智能在设备威胁检测中的应用。

有一家大型企业部署了 AI 驱动的智能视频监控系统来提高其办公环境和工厂的安全性。该系统的目的是实时检测和报告异常活动，以及潜在的安全威胁。

人工智能的应用主要体现在：①实时监控和分析，系统使用 AI 算法分析实时视频流，以识别异常行为和潜在的安全威胁。②模式识别，AI 模型被训练来识别特定的行为模式，如未经授权的入侵、可疑活动或在禁区徘徊的人员。③面部识别，利用面部识别技术来识别已知的威胁人员，如过去有不当行为记录的人员。④异常行为检测，系统能够检测到与平常行为模式显著不同的行为，如在非工作时间的异常活动或快速移动的物体。⑤智能警报，在检测到潜在威胁时，系统会自动触发警报，并通知安全人员。

人工智能应用产生的效果和影响有：①及时响应，AI 系统的实时分析能力使得安全团队能够快速响应潜在威胁，大大减少了响应时间。②减少误报，与传统的基于规则的监控系统相比，AI 系统可以更准确地识别真正的威胁，减少误报。③预防犯罪，智能视频监控系统通过提前识别可疑活动，有助于预防犯罪和其他安全事件。④数据驱动的决策，长期收集的数据可用于分析趋势和改进安全策略。

通过这种方式，人工智能在设备威胁检测方面发挥了重要作用，提高了安全监控的效率和准确性，同时也减轻了人力资源的负担。

（2）供应链风险管理：人工智能（AI）对于供应链风险管理的作用体现在它能够提供更深入的洞察、预测未来趋势，并实现更高效的风险控制[7]。以下用一个具体的示例来说明人工智能在供应链风险管理中的应用。

一家跨国制造公司为了更有效地管理其复杂的全球供应链风险，部署了一个基于人工智能的供应链风险管理系统。

人工智能的应用主要有：①数据分析，系统使用 AI 来分析大量的供应链数据，包括供应商性能、物流信息、市场趋势和历史中断事件。②预测分析，利用机器学习算法，系统能够预测潜在的供应链中断，如因自然灾害、政治不稳定或经济波动导致的风险。③供应商评估，AI 系统对供应商的可靠性和风险进行实时评估，基于他们的交付记录、财务稳定性和合规性[8]。④实时监控和警报,系统实时监控供应链活动,一旦识别出潜在风险,立即通知相关人员。⑤情景规划,AI工具能够模拟各种风险情景,帮助公司制定应对策略。

产生的效果和影响包括:①提前警告,通过预测分析,公司能够在供应链中断发生之前采取预防措施。②风险缓解,实时监控和情景规划,帮助公司制定有效的风险缓解策略,减轻潜在损失。③优化供应商管理,AI驱动的供应商评估支持更明智的供应商选择和管理决策[8]。④增强应急准备,情景规划增强了公司对潜在危机的应急准备能力。

通过这种方式,人工智能在供应链风险管理方面提供了显著的价值,不仅提高了风险识别和响应的速度和准确性,还增强了整体供应链的韧性。

(3)自动化威胁响应:人工智能(AI)在自动化威胁响应中的作用是关键的,尤其是在快速识别、分析和中和网络安全威胁的过程中。以下是一个示例,展示了人工智能如何提升自动化威胁响应的能力。

一家大型国际公司为了提高其网络安全防护水平,部署了一个AI驱动的自动化威胁响应系统。这个系统旨在实时监控网络活动,自动识别和响应安全威胁。

人工智能的应用主要有:①实时监控和数据分析,AI系统连续监控网络流量,利用机器学习算法分析数据模式,以识别异常行为或潜在威胁。②威胁识别,利用先进的模式识别技术和已知威胁数据库,AI能够快速识别各种网络攻击,如DDoS攻击、恶意软件传播或未授权入侵。③自动化决策和响应,在检测到潜在威胁时,系统自动执行预定义的响应策略,如隔离受感染的系统、阻断恶意流量或更新防火墙规则。④持续学习和适应,AI系统通过不断地学习和适应新的威胁模式,不断改进其检测和响应能力。

产生的效果和影响有:①快速响应,AI驱动的系统能够在几秒钟内识别并响应威胁,大大减少了从检测到处置的时间。②减少误报,通过精确的模式识别,系统能够减少误报,提高了安全团队对真正威胁的关注。③资源优化,自动化响应减轻了安全团队的负担,使他们能够专注于更复杂的安全挑战。④增强安全态势,持续的学习和适应能力使得系统随着时间变得更加智能和有效,提高了整个网络的安全防护水平。

通过这种方式,人工智能在自动化威胁响应中发挥了关键作用,提高了响应速度和效率,同时减少了对人工干预的依赖,使得企业能够更加有效地防御日益复杂和频繁的网络威胁。

7.2.3 未来展望

随着人工智能技术的不断演进,工业信息安全将变得更加智能化和自动化。人工智能的应用将不仅仅用于威胁检测,还将扩展到智能制造中的各个方面,如自动化生产线、供应链管理等。这将为制造业带来更高的效率、可持续性和安全性,为工业信息安全的未来提供更多的可能性。

工业信息安全与人工智能(AI)的结合预示着未来对于防御复杂、自动化的网络威胁的新途径。随着工业系统越来越多地依赖于网络技术和数据驱动的决策,AI 在保护这些系统免受网络攻击和安全漏洞的威胁方面发挥着越来越重要的作用。以下是对这一领域未来发展的描述。

(1)AI+高级威胁检测。AI 将被用于更复杂的威胁检测和分析,能够识别以往难以发现的复杂攻击模式和策略。比如,使用 AI 算法来分析异常网络行为,预测和识别高级持续性威胁(APT)。

(2)AI+预测性安全分析。AI 能够根据过去的数据和趋势,预测可能的安全威胁和漏洞,实现主动而非被动的安全防御。例如,利用机器学习模型,根据历史入侵尝试,预测未来攻击可能的实施时间和形式。

(3)AI+自动化响应和修复。AI 不仅能够检测安全威胁,还能自动采取措施进行响应和修复。比如,在检测到入侵时,AI 系统自动隔离受影响的系统,并部署修复程序。

(4)AI+安全解决方案。AI 技术能够根据每个工业环境的独特需求和特征,提供定制化的安全解决方案。例如,基于特定工厂的网络结构和历史安全事件,AI 定制特定的安全协议和防御策略。

(5)AI+供应链安全。AI 将被用于分析和保护整个供应链的安全,防止第三方风险。例如,使用 AI 对供应商进行风险评估,监控供应链中的异常行为。

(6)AI+安全意识和培训。AI 技术能够用于开发更有效的安全培训和意识提升工具。例如,使用模拟攻击和真实场景训练员工识别和应对潜在威胁。

(7)AI+网络数据保护合规。AI 将助力企业更好地遵守日益严格的数据保护和隐私法规。比如,利用 AI 分析和监控数据处理活动,更好地推动企业符合 GDPR 等法规要求。

综上所述,工业信息安全与人工智能的结合将开启更加智能、高效和主动的网络防御时代。随着技术迭代升级,这一领域将继续发展,帮助工业系统更好地应对日益复杂的网络安全挑战。

7.3 新技术的威胁与防范

随着科技的不断进步,量子计算机逐渐崭露头角。虽然它们在处理某些复杂问题上具有惊人的计算能力,但这种能力也带来了新的威胁,特别是对于工业信息安全。本节将讨论量子计算机对工业信息安全的潜在威胁,以及如何防范这些威胁,以确保工业系统的安全性。

7.3.1 量子计算机的威胁

量子计算机相对于传统计算机具有独特的计算能力,这使得它们能够更快速地解决某些加密算法和协议所依赖的数学难题,由此带来的潜在威胁包括:

1)加密算法破解

量子计算机可能会破解当前用于加密数据传输和存储的算法,如 RSA 和椭圆曲线加密,使得敏感数据容易受到窃取。RSA 加密算法是目前广泛使用的一种公钥加密方法,它的安全性基于大数的因数分解问题。目前,利用传统计算机破解一个足够大的 RSA 加密所需的时间是不切实际的。然而,量子计算机利用量子位(qubits)和量子力学的原理,能够同时进行多个计算任务,理论上可以在极短的时间内解决这类问题。

Shor's 是一种量子算法,专门设计用来高效地进行大数的因数分解。在量子计算机上运行 Shor's 算法,理论上可以在多项式时间内破解 RSA 加密[9]。如果使用一个拥有足够多量子位的量子计算机,能够执行 Shor's 算法,对一个 RSA 加密的密钥进行因数分解,从而破解该加密。

虽然这个场景目前还属于理论假设,但它凸显了随着量子计算技术发展,未来可能对当前加密体系带来的挑战。这也就解释了为什么研究人员和安全专家正在积极研究量子安全的加密方法,以防备未来量子计算机的潜在威胁。

2)数字签名伪造

量子计算机可能伪造数字签名,导致身份验证和数据完整性受到威胁,因为它们能够更轻松地破解数字签名算法。量子计算机运行 Shor's 算法,理论上可以在多项式时间内破解基于大数因数分解或离散对数问题的数字签名算法。具备足够量子位的量子计算机通过执行 Shor's 算法,能够计算出私钥,从而伪造数字签名。

虽然利用量子计算伪造数字签名目前仍然是理论上的讨论,但它凸显了随着量子计算技术的进步,现有加密和数字签名体系可能面临的挑战。因此,研究和开发量子安全的加密和签名方法是当前密码学研究的重要方向。

3）随机数生成的可预测性

传统计算机生成的随机数在某些情况下可能不再是安全的,因为量子计算机可以预测它们的生成方式。随机数在许多领域中都非常重要,尤其是在加密领域。传统的随机数生成方法依赖经典计算机,但这些方法通常产生的是伪随机数,其可预测性在某些情况下可能会被高级算法或足够的计算资源所揭露。

许多传统的伪随机数生成器（PRNGs）基于确定性的算法,即使这些生成器在表面上产生的数看似随机,但实际上如果知道算法和初始种子,就可以预测生成的随机数序列[9]。

量子计算机由于其超高的并行计算能力和对传统算法的不同处理方式,理论上可以用来分析和预测经典伪随机数生成器的输出。量子计算机可以执行特定的算法来分析经典 PRNGs 的模式和弱点。根据量子力学的原理,量子计算机可能能够识别出伪随机数生成器在看似随机的输出中的隐藏模式或周期性。

虽然目前量子计算技术尚未成熟到可以广泛应用于此类预测,但随着技术的发展,量子计算对于揭示传统伪随机数生成器的潜在弱点的能力可能会成为信息安全领域的一个重要考量。这也强调了未来加密技术中对真随机数生成器和量子安全算法的重要性。

4）卫星通信的破解

量子计算机可以干扰和解密卫星通信,对工业控制系统和供应链管理造成风险。卫星通信系统通常使用复杂的加密算法来保护信息的传输,这些加密方法可能包括 RSA 或者 ECC（椭圆曲线加密）。这些算法的安全性基于特定数学问题的计算复杂性。然而,量子计算机利用量子力学原理,可以在理论上解决这些数学问题。

量子计算机可以运行 Shor's 算法,这是一种专门设计用来高效执行大数因数分解和解决离散对数问题的量子算法。具备足够量子位的量子计算机通过执行 Shor's 算法,可以在实际可行的时间内破解当前的公钥加密系统。

尽管目前量子计算技术尚未达到破解高级加密算法的实际能力,但其潜在的影响对卫星通信安全提出了严峻的挑战。随着量子计算技术的发展,加密技术也必须进化以应对新的威胁,以保护全球通信网络的安全。

7.3.2 防范量子计算机的威胁

尽管量子计算机的潜在威胁令人担忧,但也存在解决方案,以防范这些威胁,主要有以下几个解决方案。

1) 后量子加密

发展更强大的加密算法,能够抵御量子计算机的攻击。这些算法将在量子计算机威胁变成现实之前得到广泛采用。政府机构负责处理大量敏感信息,包括国家安全、军事通信和重要的内部通信。随着量子计算技术的发展,意识到现有的加密方法(如 RSA 和 ECC)可能在未来不再安全,因此可以考虑采用后量子加密算法来保护其通信[9]。通过提前采用后量子加密技术,政府机构能够有效预防即将到来的量子计算时代的威胁,保护其关键信息不受未来技术发展的影响。这种前瞻性的策略对于任何处理敏感数据的组织都是至关重要的。

2) 量子密钥分发

使用量子密钥分发协议,确保加密通信的安全性。这些协议利用了量子计算机的物理性质,使其难以被破解。量子密钥分发(quantum key distribution, QKD)是一种利用量子力学原理来实现密钥交换的方法,是对抗量子计算威胁的有效手段之一。量子信息的一个核心特点是不可克隆,这意味着任何试图拦截量子密钥的行为都会被检测到,因为测量会改变量子位的状态。如果有人试图拦截量子密钥,量子状态的改变将会被通信双方检测到,从而警告他们密钥可能已被泄露。

通过使用量子密钥分发技术,两个国家之间的通信能够有效地防范量子计算对传统加密技术的潜在威胁,保护其通信免受未来技术发展的影响。量子密钥分发代表了一个量子技术的重要实际应用,为未来的安全通信提供了一种新的解决方案。

3）硬件安全模块

采用硬件安全模块来存储加密密钥,以减少量子计算机对密钥的访问。这可以保护加密数据免受威胁。硬件安全模块（hardware security module,HSM）是一种用于保护和管理数字密钥的物理设备,它能提供高级的安全功能,防止密钥被未授权访问或窃取。在防范量子计算的威胁方面,HSM 可以被配置和使用来支持后量子加密算法,从而提供更高级别的安全保护。

一些大型银行担心量子计算未来可能对其加密系统构成威胁,尤其是在保护在线交易和客户数据方面。因此,银行可以采用升级的 HSM 来支持后量子加密算法。具体做法可以包括:银行升级现有的 HSM 设备,或引入新的 HSM 设备,以支持后量子加密算法。将升级的 HSM 集成到银行的支付系统和数据库中,以保护交易和客户数据。对 HSM 的使用进行持续监控和审计,确保其安全性。

通过在其安全架构中集成升级的 HSM 和后量子加密算法,银行能够有效地预防未来量子计算对其加密系统的潜在威胁,从而保护关键的金融交易和客户数据。这种策略代表了在应对未来技术挑战方面的积极和前瞻性行动。

7.3.3　未来展望

量子计算机的崛起将对工业信息安全提出新的挑战,但同时也提供了增强安全性的机会。随着后量子加密和量子密钥分发等技术的发展,工业信息安全将进入新的阶段,以适应这一崭新的计算领域。

在量子计算机的时代,保护工业系统和数据的重要性将更加凸显。工业信息安全与量子计算结合的未来展望涉及两个方面:一是量子计算对工业信息安全构成的潜在威胁,二是量子技术在增强工业系统安全性方面的潜力。

量子计算对工业信息安全的潜在威胁主要体现在:①破解现有加密算法,量子计算机有潜力在未来破解当前广泛使用的加密算法,如 RSA 和 ECC。这对保护工业通信和数据的安全构成威胁,尤其是在重要的工业控制系统和敏感数据保护方面。②提高攻击效率,量子计算机的高并行性和快速处理能力可以被用来加速密码分析过程,提高网络攻击效率。

同时,量子技术在工业信息安全中的应用主要体现在:①量子密钥分发（QKD）,QKD 使用量子力学的原理来安全地分发密钥。在工业通信中应用QKD 可以确保数据传输的绝对安全,因为任何试图拦截密钥的行为都会立即被检测到。②后量子加密算法,工业系统可以采用新的加密算法,这些算法被设计为即使在量子计算机面前也能保持安全。这些包括基于格子算法、哈希算法等加密方法。③量子随机数生成,使用量子计算技术生成的真随机数可以提高加密操作的安全性,因为这些数字完全不可预测。

因此,推动量子技术和工业信息安全深度融合要重点做好以下工作。①升级和适应:工业企业需要升级其加密技术,以防范量子计算带来的潜在威胁。这可能包括采用后量子加密算法和集成 QKD 技术。②研发和创新:加强对量子安全技术的研发和创新,以保护关键的工业控制系统免受未来的量子攻击。③长期安全规划:量子技术的发展要求工业信息安全领域进行长期规划,确保随着量子计算能力的增强,安全措施仍然有效。④教育和培训:提高工业领域内对量子计算和量子安全的意识,培训相关人员了解和应对这一新兴领域的挑战。⑤国际合作:随着量子技术发展,国际合作在制定标准和共享最佳实践方面变得日益重要。

总之,工业信息安全与量子计算结合的未来既充满挑战,也充满机遇。随着技术的发展,工业企业必须适应新的安全环境,采用创新技术来保护其系统和数据。

7.4　工业信息安全的发展趋势预测

工业信息安全在智能制造时代起到保障和支撑作用。然而,随着技术的不断演进,工业信息安全领域也面临新的挑战和趋势。本节将探讨工业信息安全的未来挑战,以及应对这些挑战的趋势。

7.4.1　未来挑战

未来,工业信息安全将面临多方面的挑战。

1) 量子计算机的威胁

随着量子计算机的发展,传统加密算法将变得容易受到攻击。工业系统需要迎接这一挑战,采用后量子加密技术,以确保数据的机密性。量子加密技术将成为保护跨境数据安全的新一代工具。它可以提供无法破解的数据传输和存储,为数据隐私提供更高的保护级别。

2）物联网（IoT）爆发式增长

工业中的 IoT 设备数量呈爆炸式增长，这意味着会有更多的潜在漏洞和攻击面。未来的挑战是确保 IoT 设备的安全性，以及如何有效地监管它们。具体来讲，挑战体现在多个方面：许多 IoT 设备缺乏必要的安全功能。它们可能有弱密码、过时的软件、未加密的数据传输等安全缺陷。IoT 设备通常收集大量数据，可能包括敏感信息。不当的数据处理和存储可能导致隐私泄露。随着设备数量的增加，确保每个设备都是合法和安全的变得更加困难。IoT 设备需要定期更新和维护以保持安全，但往往被忽视。IoT 设备由于其联网性和普及性，可能被攻击者用作发起 DDoS 攻击的工具。IoT 设备也可能成为复杂的 APT 攻击的入口点。

物联网的发展给工业信息安全领域带来了前所未有的挑战。面对这些挑战，需要采取综合性的安全策略，包括强化设备安全性、实施严格的网络管理和监控、保护数据隐私，以及遵守相关的法律法规和标准等。同时，随着技术的发展，还需要不断适应新技术带来的挑战和加强对新技术的使用及融合。

3）供应链攻击

供应链被视为一个薄弱环节，攻击者可能利用供应链中的弱点入侵工业系统[8]。确保供应链的安全性将是一个关键挑战。供应链攻击是指攻击者通过一个组织的供应链，可能是软件供应商、硬件制造商或服务提供商，来间接地攻击目标组织。随着工业领域越来越多地依赖于复杂的供应链，这种类型的攻击对工业信息安全构成了严峻挑战。工业系统经常使用第三方软件和硬件，其中潜在的安全弱点可能被攻击者利用来发起供应链攻击。供应链的复杂性和全球化使得追踪和验证每个组件的安全性变得更加困难。一旦供应链中的一个环节受到攻击，恶意行为可能会向下游传播，影响更多的组织。供应链攻击可以是 APT 攻击的一部分，攻击者可能长时间潜伏，悄无声息地收集信息。

供应链攻击对工业信息安全的挑战，要求组织不仅要加强自身的安全防护，还需要对整个供应链进行全面的安全评估和管理。这包括实施严格的第三方审计，改善供应链的透明度和可追溯性，加强供应链各方协作，建立强有力的安全标准等。随着供应链的日益复杂和全球化，这一领域的安全管理将成为信息安全策略的重要部分。

4）零日漏洞的利用

攻击者不断寻找和利用工业系统中的零日漏洞。这些漏洞通常在被发现之前已经被滥用。未来的挑战在于及时发现和修复这些漏洞。零日漏洞是指在软件或硬件中存在的未知漏洞，在开发者或厂商意识到并修补它之前，攻击者可能已经利用这些漏洞进行攻击。在工业信息安全领域，零日漏洞的利用带来了重大挑战：由于零日漏洞尚未被发现，因此很难提前防范。这种不可预测性使得防御策略难以针对性地设计。一旦零日漏洞被发现（尤其是公开时），它们往往迅速被黑客社区知晓并加以利用。工业控制系统（如 SCADA 系统）可能使用过时的软件和操作系统，这些系统可能包含未被发现的零日漏洞。即使零日漏洞被发现并有了修补程序，工业环境中的设备和系统更新也可能缓慢。

应对零日漏洞的挑战要求工业信息安全领域采取多方位的策略，包括加强主动防御措施、提高对新威胁的感知能力、加速安全更新部署、促进安全社区之间的信息共享、加强员工培训、制定应急响应计划，以及加强政府和行业组织合作等。随着技术的不断发展，对抗零日漏洞的斗争将是一个持续且复杂的过程。

5）社交工程和钓鱼攻击

攻击者利用社交工程和钓鱼攻击欺骗工业系统的员工，以获取访问权限。未来的挑战在于加强员工的安全意识。社交工程和钓鱼攻击是指利用人类心理弱点来诱导个人或组织泄露敏感信息或执行某些动作的攻击方式。在工业信息安全领域，这些攻击手段带来了独特的挑战：在高度自动化和技术驱动的工业环境中，人的因素往往是最脆弱的环节。企业员工可能因缺乏安全意识或培训而成为钓鱼攻击和社交工程的目标，导致敏感信息泄露或系统受到威胁。随着攻击者技术的提高，钓鱼攻击变得越来越复杂和难以识别，例如通过个性化的电子邮件或仿冒合法网站。攻击者不仅限于电子邮件，还通过社交媒体、即时通信，甚至电话等多种渠道发起社交工程攻击。内部人员也可能因个人动机而故意或无意地泄露敏感信息。

应对社交工程和钓鱼攻击的挑战，要求工业企业采取全面的安全措施，这包括技术防御、员工培训和意识提升，以及持续的安全监测和评估。此外，建立强大的安全文化和内部通报机制，以及与外部专家和安全机构的合作，也是降低攻击风险的关键因素。随着社交工程和钓鱼攻击的不断演变，持续的警惕和科学的应对将是确保工业信息安全的重要组成部分。

7.4.2　未来趋势

未来,工业信息安全的发展趋势值得关注。这些发展趋势并不是从零开始、在未来才有,而是大部分内容已经在发挥作用,今后将会继续壮大和拓展这些方面的应用。

1) 自动化安全

随着工业系统的自动化程度不断提高,自动化安全也将成为趋势。这包括自动化漏洞检测和修复,以及自动化的威胁情报共享。自动化工具可以持续监控工业网络,实时识别和响应安全威胁,减少对人工干预的依赖。自动化系统可以自动分析网络流量和用户行为,及时发现异常或恶意活动。未来的自动化安全系统将具备更强的自我学习和适应能力,能够根据不断变化的网络环境和威胁进行自我调整。随着技术的进步,自动化安全系统将变得更加智能和适应性强,成为维护工业信息安全不可或缺的一部分。

2) 人工智能和机器学习

AI 和机器学习将用于威胁检测和预测,以提前防范潜在的攻击[10]。人工智能(AI)和机器学习(ML)可以分析大量数据,快速识别异常行为和潜在的安全威胁,提高对复杂攻击模式的检测能力[11]。ML 可以学习网络和用户的正常行为模式,以识别出不寻常的活动,这对于检测内部威胁尤为重要。利用 AI 进行预测性分析,可以预测并预防未来可能出现的安全威胁。

人工智能和机器学习正在成为工业信息安全的一个核心组成部分,提供了强大的工具来对抗复杂和不断演变的网络威胁[12]。这些技术的发展将推动安全解决方案朝着更智能化、自动化和高效的方向发展,为工业系统提供更加坚固的安全防线。

3) 区块链技术

区块链技术将用于确保数据的完整性和身份验证,特别是在供应链安全方面。区块链技术已经应用于数字货币,但它也可以用于数据安全。通过创建去中心化、不可篡改的数据存储,区块链技术可以改善数据完整性和可追溯性,从而增加跨境数据的安全性。

区块链技术作为一种分布式账本技术,因其在确保数据的不可篡改性、透明性和去中心化方面的独特优势,正在成为工业信息安全的重要发展趋势之一。区块链通过其不可变性确保一旦数据被记录就无法更改,这对于工业数据记录和审计非常关键。在供应链和多方合作的工业环境中,区块链技术可以用于安全地共享信息,同时保持数据的完整性和可验证性。区块链上的智能合约可以自动执行预定义的业务逻辑,提高工业流程的效率和安全性。区块链技术可以用于建立更加安全和透明的身份验证系统,控制对重要工业系统的访问。

区块链技术因其独特的安全特性和分布式特征,为工业信息安全提供了新的解决方案,特别是在数据完整性、透明性和去中心化方面。随着这项技术的不断成熟和应用,预计区块链技术将在未来的工业信息安全领域扮演更加重要的角色。

4)国际合作

工业信息安全将需要通过深化国际合作来对抗跨国攻击和威胁。信息共享和联合演练将成为趋势。国际合作在保障跨境数据流动安全中起着至关重要的作用。随着数据越来越多地跨越国界,国际社会越来越需要共同应对数据安全挑战。

越来越多的国家将制定数据隐私保护法律法规,这些法律法规可能要求跨境数据传输和存储符合特定的标准。国际社会需要制定协议以协调这些法律法规,以降低跨境数据传输的复杂性。国际协议和条约可能会出现,以规范跨境数据安全的最佳实践,促进国际的数据共享。这些协议可能包括数据分类、隐私保护和数据泄露应急计划的指南。政府、行业和学术界之间的合作将加强,以共同应对数据安全挑战。加强信息共享和共同研究将成为未来的趋势,有助于改进数据安全技术。

5)可信计算和硬件安全

随着工业系统越来越多地依赖数字化和网络化,保证这些系统的核心硬件组件的安全性和可信度变得至关重要。可信计算旨在通过硬件级别的安全特性保护计算环境,如使用安全启动和硬件根信任来确保只加载和运行受信任的软件。硬件安全模块(HSM)和其他安全芯片可以安全地存储加密密钥和敏感数据,防止外部攻击和内部威胁。

未来的硬件设计将集成更多的安全功能,如加密处理器和安全引导。硬件安全将与软件安全解决方案更紧密地结合,并提供全面的保护。将重点放在使硬件安全解决方案更易于部署和使用,特别是在复杂的工业环境中。

　　可信计算和硬件安全是工业信息安全不可或缺的组成部分,它们在保护关键基础设施和敏感数据方面发挥着日益重要的作用。随着技术的不断进步,这些领域将见证更多创新和改进,为工业环境提供更加强大和可靠的安全防护。

　　6) 边缘计算

　　边缘计算作为一种使数据处理更接近数据源的技术,正成为工业信息安全的重要发展趋势之一。在智能制造的背景下,边缘计算的优势在于其能够提供更快速的数据处理、减少带宽使用,并增强数据的安全性。边缘计算允许在设备和网络的边缘进行数据处理,减少了将数据传输到中心化数据中心的需要,从而降低了数据泄露或拦截的风险[13]。边缘计算可实现对工业设备的实时监控,快速响应安全事件,减少对远程数据中心的依赖。

　　但与此同时,边缘计算对工业信息安全也不全是机遇而没有挑战。大量的边缘计算设备可能导致管理和维护的复杂性,特别是在保证所有设备都具有最新安全更新方面。边缘计算设备可能分布在物理上不受保护的环境中,这就增加了物理安全威胁的可能性。所以,需要采取下面这些必要措施:开发更先进的安全技术,如加密、访问控制和入侵检测系统,专门针对边缘计算环境。开发智能化的边缘计算设备,具备自我诊断和修复功能,提高系统的整体安全性[13]。随着量子计算的发展,边缘计算设备可能需要采用量子安全通信技术以防御未来的量子攻击。

　　边缘计算为工业信息安全领域的应用提供了新的可能性,特别是在提高数据处理速度和增强数据安全性方面。随着技术的发展,边缘计算将继续演进,解决其面临的安全挑战,并在未来的工业信息安全体系中扮演越来越重要的角色。

　　总而言之,工业信息安全的未来充满挑战,但也充满希望。通过采用新的安全技术和加强国际合作,我们可以使工业系统在未来的数字化时代中保持安全,继续为智能制造发展作出贡献。未来的趋势将引领我们适应不断演变的威胁形式,以保护工业信息系统的安全性和稳定性。

7.5　工业信息安全的发展建议

　　在智能制造时代,工业信息安全显得尤为关键。随着技术的飞速发展和全球互联网的日益融合,制造业的网络环境变得更加复杂和脆弱,成为攻击者的新目标。这些安全威胁不仅可能导致重大的经济损失,还可能威胁到国家安全和社会稳定。因此,加强工业信息安全,保障智能制造未来成为一项不容忽视的紧迫任务。

物联网(IoT)、人工智能(AI)、大数据和云计算等新技术的不断涌现,也意味着工业信息安全面临的挑战在不断演变。攻击手段更加高级,攻击目标更加精确,给传统的安全防护措施带来了巨大的压力。此外,随着全球供应链的紧密联系,一个环节上的安全漏洞可能影响整个产业链,增加了安全管理的复杂性。

在此背景下,我们必须重新审视工业信息安全的策略和措施。不仅要加强技术防护,更要构建一个全方位、多层次、动态化的安全防御体系,以应对日益复杂的安全威胁。同时,还需培养专业的安全人才,加强国际合作,共同构建一个安全、稳定的工业信息环境。以下工业信息安全的发展建议,旨在为智能制造的安全保驾护航,确保其健康、可持续发展。

1) 强化基础设施的安全防护

在智能制造时代,企业的生产和运营越来越依赖工业控制系统(ICS)和物联网(IoT)设备。这些技术的广泛应用极大地提高了生产效率和操作灵活性,但同时也暴露了企业在信息安全方面的脆弱性。因此,加强这些系统和设备的安全管理变得十分重要。

首先,定期更新和打补丁是保护ICS和IoT设备免受已知安全漏洞攻击的基本措施。软件更新包含了修复安全漏洞的补丁,能够有效防止攻击者利用这些漏洞进行入侵。企业应建立系统的更新机制,确保所有设备都运行最新版本的软件。

其次,实施网络隔离可以有效地降低网络攻击的风险。通过将控制系统和企业的其他IT系统分离,可以限制潜在攻击者的活动范围,防止攻击从企业网络扩散到关键的控制系统中。此外,对关键设备实施物理隔离,可以进一步提高系统的安全性。

最后,加强身份认证和访问控制对于保护系统免受未授权访问至关重要。企业应实施强密码政策,使用多因素认证技术,并对用户的访问权限进行精细管理,确保只有授权用户才能访问敏感信息和关键设备。通过采取这些措施,企业不仅能够提高工业控制系统和物联网设备的安全性,还能够为整个智能制造环境提供坚实的安全基础。

2）构建多层次防御机制

在当今日益复杂的网络安全威胁面前,单一的安全措施已无法满足企业对信息安全的需求。因此,采用分层安全架构成为了确保企业信息安全的重要策略。分层安全架构是通过多个独立的安全层来保护企业的信息资产,包括物理安全层、网络安全层、应用安全层和数据安全层,每一层都针对不同类型的安全威胁设计特定的防护措施。

其中,物理安全层是分层安全的第一道防线,包括对数据中心、服务器房和工作站的实体访问控制,确保只有授权人员才能接触到关键的物理设施。网络安全层通过防火墙、入侵检测系统和网络隔离等技术,防止恶意软件和攻击者侵入企业的内部网络。应用安全层则专注于保护软件和应用程序,通过代码审计、漏洞扫描和安全编程等措施,减少应用层面的安全风险。最后,数据安全层通过加密、数据访问控制和数据备份等技术,确保企业数据的完整性和机密性。

采用这种分层安全架构,可以确保即使某一层面的安全措施被攻破,其他层面的保护措施仍然能够有效防护,从而为企业提供全方位的安全保障。这种策略不仅提高了整个信息系统的安全性,也增强了企业对新兴威胁的应对能力。

3）加强威胁情报和监测能力

在当前日益复杂的网络安全环境中,单一企业往往难以独立应对所有潜在的威胁和攻击。因此,建立和维护一个威胁情报分享平台十分必要。这样的平台可以汇集来自不同来源的威胁情报,包括最新的恶意软件、攻击手法、漏洞信息以及攻击行为的模式等,为各参与方提供一个共享、互利的情报交流环境。

通过这个平台,企业可以接入实时监控系统,利用先进的数据分析技术,对海量的网络流量和日志信息进行深入分析。这种分析可以帮助企业及时发现异常行为和潜在的安全威胁,从而在攻击发生之前采取预防措施。此外,通过对历史攻击事件的分析,企业可以更好地理解攻击者的行为模式,提升未来应对同类攻击的能力。

此外,威胁情报分享平台还能促进企业、政府和安全研究机构之间的信息交流与合作,共同提高整个社会的网络安全防护水平。通过分享和利用共享的情报资源,各参与方不仅能够降低自身的安全风险,还能为网络安全社区贡献力量,形成一个更加紧密、高效的网络安全防御体系。这种跨界合作的方式,是提前预防和有效响应网络攻击的重要方法。

4）提升应急响应和恢复能力

随着信息技术在工业生产中的深入应用，网络安全事件对生产运营的影响日益显著。为了最小化安全事件可能造成的损害，企业必须制定详细的应急响应计划和灾难恢复计划。这些计划应包含清晰的响应流程、角色分配、沟通机制以及恢复步骤，确保在面对网络安全事件时，企业能够迅速采取行动，减轻损失。

应急响应计划应针对不同类型的安全事件制定具体响应策略，明确指派责任人和团队，制定有效的沟通和决策路径。而灾难恢复计划则需详细规划如何在各种灾难情况下迅速恢复关键业务和服务，包括备份和数据恢复、关键系统的快速切换以及紧急资源的调配等。

此外，仅仅拥有这些计划是不够的，定期的演练是检验和完善应急响应能力的关键步骤。通过模拟不同的安全事件，企业不仅可以验证响应流程的有效性，还能够提升员工的安全意识和应急处置能力，确保每个人都清楚在真实发生安全事件时应该如何行动。

通过这些措施，企业能够建立起一套完整的应对机制，确保在面对网络安全威胁时能够快速有效地响应，最大限度地减少损失，保障企业的持续运营和长远发展。

5）促进人才培养和技能提升

随着工业信息安全威胁的不断增加，对专业人才的需求日益迫切。企业应认识到，加大对工业信息安全专业人才的培养和引进力度是保障网络安全、支撑企业稳健发展的关键措施。这不仅涉及引进具备高级安全技能的专家，也包括对现有员工进行持续的教育和培训，全面提升整个团队的安全意识和应对能力。

企业应建立和完善人才发展体系，通过与高等院校、专业培训机构的合作，开展有针对性的教育计划，为员工提供学习的机会和资源。这包括定期组织网络安全研讨会、技能培训班和在线课程等，内容涵盖信息安全的各个方面，如漏洞分析、入侵检测、加密技术、法律法规等，以适应不断变化的安全挑战。

此外，实践经验同样重要。企业可以通过模拟演习、实战演练等方式，让员工在实际情境中应用所学知识，增强应对突发事件的实战能力。同时，鼓励员工参与安全社区,与业界同行加强经验交流,获取最新的安全资讯和趋势。

通过这些措施,企业不仅能够打造一支技术娴熟、反应灵敏的安全团队,还能够营造一种安全文化氛围,每个员工都能成为安全防线的一部分,共同构筑企业的安全防御体系。

6)加强立法和标准化工作

在快速发展的数字化时代,工业信息安全的重要性日益凸显。随着新技术的应用和新型威胁的出现,现有的法律法规已难以满足保护需求,存在覆盖不全面、更新滞后等问题。因此,制定和完善相关法律法规,成为保障工业信息安全的基础性工程。这不仅涉及对现行法律的修订,以覆盖新兴技术和新型攻击手段,还包括引入针对工业信息安全的专门立法,明确企业和个人在数据保护、网络安全等方面的权利、义务和责任。

同时,推动工业信息安全标准的制定和实施也很重要。这些标准旨在为企业提供明确的安全实施指南,包括数据加密、身份验证、物理和网络访问控制等方面。通过遵循这些安全标准,企业不仅能够有效提升自身的安全水平,还能够在全球市场中增强竞争力。

政府部门应积极参与国际交流合作,推动相关国际标准在本国的认可和应用,同时也应鼓励本土安全技术和标准向国际标准靠拢,形成互认机制。通过这些措施,为工业信息安全建立一个全面、统一的法律和标准体系,从而为企业提供坚实的法律和政策保障,有力应对日益复杂的网络安全挑战。

7)推动跨行业和国际合作

在当今全球化的经济环境中,网络安全威胁已不再局限于单一国家或区域,而是具有明显的跨界和全球化特征。针对这种情况,鼓励行业内外以及国际的信息分享和合作显得尤为重要。这种开放合作不仅包括技术信息、威胁情报的共享,也涵盖最佳实践、防御策略以及应对经验的交流。通过建立共享平台,可以实现资源的有效配置和利用,提升整体的安全防护能力。

国际合作是应对全球性网络安全威胁的关键之举。各国政府、国际组织以及跨国公司应共同参与到安全合作中来,建立国际安全机制,协调制定国际通行的网络安全规则,促进全球范围内的信息共享和协作。同时,跨国公司在全球范围内的业务部署也需要遵循统一的安全标准,加强跨国网络安全管理。

此外,行业间的合作也不可忽视。不同行业之间通过分享各自面临的特定安全威胁和应对措施,不仅能够增强行业内部的安全防护,还可以推动跨行业安全解决方案的创新,形成合力,共同提高对抗网络安全威胁的能力。通过这些多层次、宽领域的合作,我们可以更有效地应对日益复杂多变的网络安全挑战,维护全球信息环境的安全稳定。

8)加大投资研发新技术

随着技术的快速发展,人工智能、大数据、量子加密等新技术在各行各业中的应用日益广泛,在工业信息安全领域亦是如此。积极探索和应用新技术不仅能够显著提升防御能力和效率,还能够帮助企业更好地应对未来安全挑战。

人工智能和大数据技术能够通过对海量数据的快速处理和分析,实时识别和预测潜在的安全威胁,从而实现快速响应和主动防御。例如,通过机器学习算法训练的模型能够自动识别恶意软件和异常行为,大幅提升入侵检测的准确性和效率。

量子加密技术则代表着信息安全的未来方向。利用量子力学原理,可以实现几乎无法破解的通信加密,为数据传输提供坚不可摧的安全保障。特别是在面对量子计算机潜在的解密威胁时,量子加密技术能够确保信息安全的长效性。

积极探索这些新技术的应用,不仅可以有效增强工业信息系统的安全性,还可以提高安全管理的自动化和智能化水平,减少对人工干预的依赖,提升整体防御能力和效率。因此,企业和研究机构应加大投入力度,深入进行相关技术的研发工作,推动工业信息安全领域的技术创新和进步。

参考文献

[1] 王斌. 工业物联网信息安全防护技术研究[D]. 成都:电子科技大学,2018.

[2] 杨轶茜,张龙山. 大数据背景下工业控制网络信息安全防护存在的问题及措施[J]. 网络安全和信息化,2023(3):119-121.

[3] 刘骁,张鹏. 人工智能技术在信息安全领域中的应用研究[J]. 中国新通信,2022,24(17):116-118.

[4] 赵洪宇,袁青霞. 人工智能技术在网络信息安全中的应用研究[J]. 网络安全技术与应用,2022(7):136-137.

[5] 冯抒. 人工智能技术在信息安全中的应用[J]. 电子技术,2022,51(5):134-135.

[6] 孟锦. 网络安全态势评估与预测关键技术研究[D]. 南京:南京理工大学,2012.

[7] 邹维,霍玮,刘奇旭. 确保软件供应链安全是一项系统工程[J]. 中国信息安全,2018(11):58-60.

[8] 黄晟辰,李勤,李剑锋,等. 供应链信息安全体系框架研究[J]. 科技管理研究,2014,34(5):

171 - 174.

[9] Ben-Sasson E, Bentov I, Horesh Y, et al. Scalable, transparent, and post-quantum secure computational integrity [J]. IACR Cryptol ePrint Arch, 2018,2018(46):46 - 129.

[10] 王世轶.大数据时代计算机网络信息安全与防护措施[I].计算机产品与流通,2019(7):58.

[11] 孙晓霞.计算机网络安全的主要问题及对策[J].电子技术与软件工程,2018(24):194.

[12] 党会博.大数据及人工智能技术在信息安全态势感知系统中的应用研究[J].计算机产品与流通,2018(12):87.

[13] 刘善武,于辉,李进.人工智能技术在互联网信息服务安全评估中的应用研究[J].信息与电脑,2021,33(21):3.

索 引